畜禽屠宰操作规程实施指南系列丛书
CHUQIN TUZAI CAOZUO GUICHENG SHISHI ZHINAN

生猪屠宰操作指南

SHENGZHU TUZAI CAOZUO ZHINAN

中国动物疫病预防控制中心
（农业农村部屠宰技术中心）◎编

U0294101

中国农业出版社
农村读物出版社
北　京

图书在版编目（CIP）数据

生猪屠宰操作指南/中国动物疫病预防控制中心（农业农村部屠宰技术中心）编 . —北京：中国农业出版社，2019.11（2020.3 重印）

（畜禽屠宰操作规程实施指南系列丛书）

ISBN 978 - 7 - 109 - 26149 - 5

Ⅰ.①生⋯ Ⅱ.①中⋯ Ⅲ.①猪-屠宰加工-指南 Ⅳ.①TS251.4 - 62

中国版本图书馆 CIP 数据核字（2019）第 245712 号

中国农业出版社出版

地址：北京市朝阳区麦子店街 18 号楼

邮编：100125

责任编辑：刘 伟 杨晓改

版式设计：杜 然 责任校对：张楚翘

印刷：北京万友印刷有限公司

版次：2019 年 11 月第 1 版

印次：2020 年 3 月北京第 2 次印刷

发行：新华书店北京发行所

开本：700mm×1000mm 1/16

印张：9.75 插页：4

字数：320 千字

定价：60.00 元

丛书编委会

主　任：陈伟生　周光宏

副主任：冯忠泽　高胜普

编　委（按姓名音序排列）：

陈　伟　黄　萍　匡　华　李　琳

孙京新　王金华　臧明伍　张朝明

本书编委会

主　编：冯忠泽　匡　华

副主编：高胜普　朱建平　张朝明

编　者（按姓名音序排列）：

鲍恩东　陈慧娟　陈三民　陈淑敏

戴瑞彤　冯忠泽　高胜普　关婕葳

黄启震　匡　华　李春保　李　琳

李　鹏　李　琦　刘德林　刘钰杰

栾　坚　马　冲　马相杰　孟凡场

孟庆阳　孟少华　闵成军　穆佳毅

单佳蕾　佘锐萍　沈建忠　王继鹏

王守伟　王向宏　王永林　王玉海

王远亮　薛惠文　严建刚　杨华建

尤　华　张朝明　张建林　张　杰

张宁宁　张劭俣　张新玲　赵秀兰

郑乾坤　周光宏　朱建平

审　稿（按姓名音序排列）：

曹金斌　高胜普　李春保　孟庆阳

闵成军　王永林　薛惠文　张朝明

张建林　朱建平

畜禽屠宰标准是规范屠宰加工行为的技术基础，是保障肉品质量安全的重要依据。近年来，我国加强了畜禽屠宰标准化工作，陆续制修订了一系列畜禽屠宰操作规程领域国家标准和农业行业标准。为加强标准宣贯工作的指导，提高对标准的理解和执行能力，全国屠宰加工标准化技术委员会秘书处承担单位中国动物疫病预防控制中心（农业农村部屠宰技术中心）组织相关大专院校、科研机构、行业协会、屠宰企业等有关单位和专家编写了"畜禽屠宰操作规程实施指南系列丛书"。

本套丛书对照最新制修订的畜禽屠宰操作规程类国家标准或行业标准，采用图文并茂的方式，系统介绍了我国畜禽屠宰行业概况、相关法律法规标准以及畜禽屠宰相关基础知识，逐条逐款解读了标准内容，重点阐述了相关条款制修订的依据、执行要点等，详细描述了相应的实际操作要求，以便于畜禽屠宰企业更好地领会和实施标准内容，提高屠宰加工技术水平，保障肉品质量安全。

本套丛书包括生猪、牛、羊、鸡和兔等分册，是目前国内首套采用标准解读的方式，系统、直观描述畜禽屠宰操作的图书，可操作性和实用性强。本套丛书可作为畜禽屠宰企业实施标准化生产的参考资料，也可作为食品、兽医等有关专业科研教育人员的辅助材料，还可作为大众了解畜禽屠宰加工知识的科普读物。

改革开放以来，我国生猪产业取得了长足发展。目前，国内生猪养殖及屠宰加工企业已向集约化、规模化方向发展。但是，相对于国外发达国家同类企业而言，我国生猪屠宰加工技术仍良莠不齐，行业集中度和技术规范性有待进一步提高。为进一步规范生猪屠宰操作，提升生猪屠宰产品品质，提高行业竞争力，我国将国家标准《生猪屠宰操作规程》（GB/T 17236—2008）修订为《畜禽屠宰操作规程　生猪》（GB/T 17236—2019）。修订后的标准于 2019 年 3 月 25 日发布，已于 2019 年 10 月 1 日正式实施。

为便于广大生猪屠宰加工从业人员更好地学习、贯彻实施《畜禽屠宰操作规程　生猪》（GB/T 17236—2019），更好地指导生产，为消费者提供更多优质的产品，中国动物疫病预防控制中心（农业农村部屠宰技术中心）组织相关大专院校、科研机构、行业协会、屠宰企业等单位的专业人员编写了《生猪屠宰操作指南》一书。

本书对标准条文进行了深入详细的解读，同时配上相应的示意图片，进行具体的操作描述，具有通俗易懂、可操作性强的特点。在体例上，前 2 章为生猪屠宰行业概况、法律法规及相关标准、生猪屠宰相关基础知识等。第 3 章至第 7 章，对照标准的相应章节，逐条逐款地进行了深入细致的解读，阐述了相关条款制修订的依据、执行要点和实际操作等。第 8 章介绍了猪肉分割知识。本书可作为屠宰企业实施标准化生产的培训资料，也可作为食品、兽医等相关专业科研教育人员的辅助材料，还可作为大众了解生猪屠宰加工的科普读物。

在本书编写过程中，江南大学、双汇集团及全国屠宰加工标准化技术委员会的专家委员对本书的出版给予了大力帮助与支持，在此表

示衷心的感谢。

由于时间仓促，限于编者的水平和能力，书中难免有纰漏与不足之处，恳请广大读者批评指正。

编　者

2019 年 10 月

目 录

第 1 章

生猪屠宰行业概况

一、生猪养殖概况

1. 我国生猪养殖业发展概况

猪肉是我国居民的主要肉食来源。猪为"六畜之首",生猪养殖在我国具有悠久的历史。同时,我国作为传统农业大国,生猪养殖在我国现代畜牧业中占有相当大的比重。随着历史的变迁和科技进步,我国的生猪养殖也经历了从小、散、乱到专业、集中、规模的发展历程。

(1) 家猪的起源与特性 家猪在生物学分类中,属于哺乳纲偶蹄目猪科猪属猪种。其在生活习性上表现为对环境、气候适应性强,抗病能力强;在营养习性上表现为食性杂,对能量与蛋白质的利用率高,故其饲料原料来源广泛;在繁殖上表现为常年发情、性成熟早、繁殖期短、利用年限长;在生产上表现为生长快、抗病力强、肉产出率高。所以,家猪是最早被人类驯化、大规模养殖的家畜种类,且在全球范围内分布极广。

(2) 猪品种概况 我国早在 6 000 多年前,就已将野猪驯化成家猪饲养。在数千年的历史进程中,随着不同时期、不同地域人们对物质要求的变化,人类迁移使不同品种交融等,繁衍出了众多的家猪品种。目前,全世界家猪品种有 300 多个,其中我国就有 120 多个。有些猪种还对世界著名家猪品种的培育作出了贡献,有较大比例的世界著名猪种具有我国家猪品种的血缘。

(3) 我国生猪养殖概况 我国在 20 世纪 70 年代前,生猪养殖主要以小规模且分散的传统养殖为主,大部分地方品种主要以腌肉型为主,虽然抗性强,但产肉率相对较差。且养殖户中大部分以农村家庭为主,养殖过程中基本无配合饲料,营养相对较差,饲养周期长,生产水平较低。

改革开放以来,随着经济的发展和现代科学技术在养猪业中的广泛应用,我国生猪养殖由传统分散养殖向现代规模养殖转变,并且取得了举世瞩目的成就。中国已发展成为世界养猪大国,生猪养殖无论是养殖模式、

1

区域布局，还是生产方式、生产能力都发生了显著变化，在猪品种结构、品种（系）繁育、饲养管理、卫生防疫、环境控制等方面都取得了巨大进步和快速发展。

近年来，各级政府加大了对环境污染的整治力度，淘汰生猪养殖落后产能，同时科学规划功能区域，淘汰环保设施不健全、技术落后的散养户，引导其向规模化方向发展。

2. 近年生猪产量

全球生猪年均出栏量（图1-1）自2009年以来总体呈增长的趋势，2009—2017年，生猪出栏量年复合增长率约为0.88%，增长速度较为平缓。

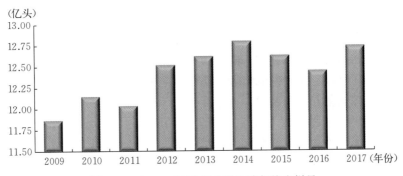

图1-1　2009—2017年全球生猪年均出栏量

据2015—2017年3年平均生猪出栏量统计，世界上主要生猪生产国家（地区）有中国、欧盟、美国、俄罗斯、巴西、加拿大、日本、韩国等（图1-2）。

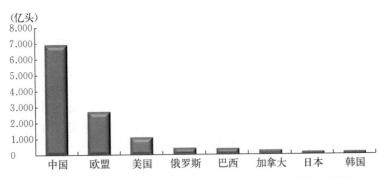

图1-2　主要生产国家（地区）2015—2017年生猪年均出栏量

我国是传统的农业大国，生猪养殖量居全球第一。2009—2017 年，生猪出栏量（图 1-3）年复合增长率 1.00％左右，其增长速度比全球平均复合增长率稍高。

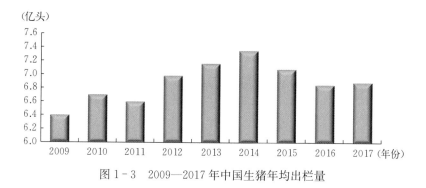

图 1-3　2009—2017 年中国生猪年均出栏量

二、生猪屠宰概况

1. 生猪屠宰行业发展概况

　　屠宰及肉类加工业属于劳动密集型行业，兼具资金密集型行业的特点。我国生猪屠宰加工业由手工和半机械化逐渐向机械化、自动化和信息化发展。但是，屠宰企业现代化程度与国外先进国家相比还有较大差距。

　　我国生猪屠宰发展具有以下几个特点：

　　（1）屠宰定点化　目前，我国实行生猪定点屠宰、集中检疫制度。除农村地区个人自宰自食外，未经定点，任何单位和个人不得从事生猪屠宰活动。

　　（2）集中度加强　随着一批品牌龙头企业的异军突起，屠宰及肉类加工业长期处于分散的格局逐渐被打破，屠宰及肉类加工产能逐步向大中型的规模企业集中，而小型屠宰企业数量逐年减少（图 1-4）。2014—2018 年统计结果显示，规模屠宰企业数量虽然占比较小，但其生猪屠宰量占总量的 2/3 以上（图 1-5）。

　　（3）产业链延伸　为降低原材料采购成本与营销成本，保证原料的品质和稳定供给，进一步拓展产品利润空间，规模化屠宰及肉类加工企业纷纷向产业链上下游延伸，形成集饲料、养殖、屠宰加工、销售于一体的行业发展模式，以减少行业发展风险。此外，一些大型生猪养殖企业拥有优质生猪资源，近年来也逐步向产业链下游延伸，进行生猪屠宰与肉品加工。

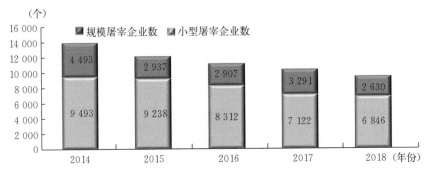

图1-4 2014—2018年全国规模屠宰企业及小型屠宰企业数量

图1-5 2014—2018年不同企业生猪屠宰量

（4）安全性强化 随着国家、社会与消费者对食品安全的日益重视，屠宰企业对生猪检验检疫、屠宰检验检疫、屠宰过程质量与安全控制、产品储存与供应链的安全控制等越来越强化，并不断规范生猪屠宰过程，以保证屠宰产品的安全。

2. 猪肉生产量

（1）世界猪肉生产量 2009—2017年，世界猪肉产量从10 300万 t 增至11 100万 t，增长7.8%，年复合增长率为0.94%（图1-6）。

（2）我国猪肉生产量 2009—2017年，我国猪肉年产量由4 890万 t 增至5 315万 t，增长8.7%，年复合增长率为1.05%，其增长速度略高于世界猪肉生产量增长速度（图1-7）。

从我国人均猪肉年占有量来看，2009—2017年，虽然有一个由升到降的过程，但总体而言，我国人均猪肉年占有量为36 kg～41 kg（图1-8）。

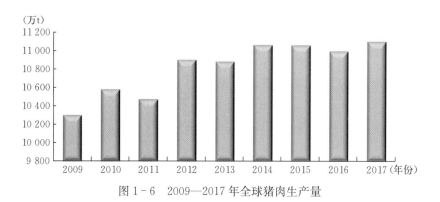

图 1 - 6　2009—2017 年全球猪肉生产量

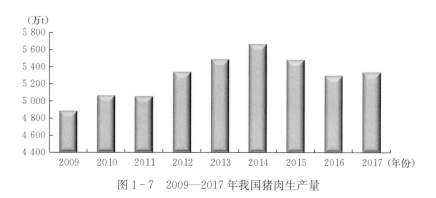

图 1 - 7　2009—2017 年我国猪肉生产量

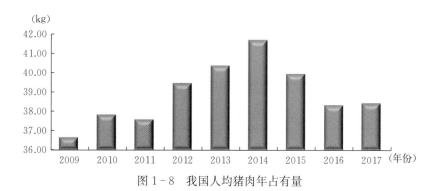

图 1 - 8　我国人均猪肉年占有量

3. 猪肉储藏

猪肉营养物质丰富，是微生物繁殖的良好介质。若储藏不当，虽然有的微生物能改善肉的品质、提高储藏质量，但是有些腐败菌会导致肉质腐败。另外，猪肉自身含有大量酶类，会使肉质发生变化。肉的储藏与保

鲜，就是通过有效控制微生物与酶的活性，控制肉内部的物理、化学变化，以达到长时期储藏与保鲜的目的。

猪肉的储藏根据其不同的处理工艺分多种方法，由于受技术与加工水平的限制，以及消费习惯的影响，很多地区猪肉的生产与消费主要以热鲜肉为主。随着制冷技术的出现和大规模生产与屠宰的需要，一些猪肉采用了冷冻储藏技术。近年来，随着对猪肉品质研究的逐步深入、技术水平的不断发展，人们对猪肉品质的要求越来越高，冷冻肉逐步向冷却肉方向发展。

热鲜肉是指生猪宰杀后不经人工冷却加工，直接上市的猪肉。热鲜肉是我国传统肉品生产销售方式，一般是凌晨宰杀、清早上市。由于加工简单，不需要预冷间、冷库和冷藏车等，有利于小规模生产。热鲜肉没有进行冷却处理，微生物得不到抑制，容易造成污染。如果运输、销售环境控制差，细菌则更容易在热鲜肉上大量增殖，从而造成食品安全风险。

冷冻肉是指生猪宰杀后，经预冷成熟、低温急冻，肉深层温度达 $-15\ ℃$ 以下，继而在 $-18\ ℃$ 以下储存的肉品。由于其保存期较长，故被广泛采用。其缺点是，由于在较低温度下冷冻再经解冻后，其肉质、风味会有一定的下降。这也是很多人认为冷冻肉不好吃的原因。

冷却肉，也叫冷鲜肉，是对屠宰后的猪胴体迅速冷却处理，使胴体温度（以后腿肉中心为测量点）在 $24\ h$ 内降至 $0\ ℃\sim4\ ℃$，并在后续加工、流通和销售过程中始终保持 $0\ ℃\sim4\ ℃$ 范围内的生鲜肉。由于在加工前经过了预冷，糖原减少，乳酸增加，使肉变软多汁，完成了"解僵、成熟"的过程。所以，冷鲜肉看起来比较湿润，摸起来柔软有弹性，加工起来易入味，口感滑腻鲜嫩。

国外发达国家由于生活水平高，进而对猪肉品质要求也高，对猪肉储藏与品质的研究比较深入。而且，由于先进加工技术手段与设施设备的应用，目前国外发达国家已普遍采用冷却肉技术进行猪肉的生产、储藏、消费。

4. 猪肉流通

猪肉产品由于易被微生物污染、产生腐败等，流通过程需要从时间、温度、防污染等手段上加以控制，以保证猪肉产品在流通过程中的安全与品质。

《食品安全国家标准 肉与肉制品经营卫生规范》（GB 20799）对肉类的运输有明确的要求：运输工具必须有效控制温度，防止肉品污染；运输箱体内壁使用安全材料；工具易清洁消毒等。

鲜肉及新鲜食用副产品装运前应冷却到室温。在常温条件下，运输时间不应超过 2 h。冷却肉及冷藏食用副产品装运前应将产品中心温度降至 0 ℃～4 ℃，运输过程中箱体内温度应保持在 0 ℃～4 ℃。冻肉及冷冻食用副产品装运前应将产品中心温度降至 -15 ℃及以下，运输过程中箱体内温度应保持在 -15 ℃及以下。

在冷藏或冷冻运输条件下，运输工具应具有温度监控装置，应配备必要的防尘设施。运输工具内壁应完整、光滑、安全、无毒、防吸收、耐腐蚀、易于清洁，运输鲜片肉时应有吊挂设施。采用吊挂方式运输的，产品间应保持适当距离，产品不能接触运输工具的底部。

鲜肉、冷却肉、冻肉、食用副产品不得与活体畜禽同车运输，不能使用运送活体畜禽的运输工具运输肉和肉制品。鲜肉、冷却肉、冻肉、食用副产品应采取适当的分隔措施。头、蹄（爪）、内脏等应使用不渗水的容器装运。未经密封包装的胃、肠与心、肝、肺、肾不应盛装在同一容器内。

5. 猪肉销售

鲜肉、冷却肉、冻肉、食用副产品与肉制品应分区或分柜销售。冷却肉、冷藏食用副产品以及需冷藏销售的肉制品应在 0 ℃～4 ℃的冷藏柜内销售，冻肉、冷冻食用副产品以及需冷冻销售的肉制品应在 -15 ℃及以下温度的冷冻柜内销售，并做好温度记录。

销售未经密封包装的直接入口产品时，应佩戴符合相关标准的口罩和一次性手套。对所销售的产品应检查并核对其保质期和卫生情况，及时发现问题。发现有异味、有酸败味、色泽不正常、有黏液、有霉点和其他异常的产品，应停止销售。

6. 猪肉消费

我国居民对肉类产品的消费在近 30 多年里发生了较大的变化，猪肉消费量逐年减少，而牛羊肉、家禽肉的比重逐年增加。特别是 20 世纪 80 年代至 20 世纪末变化较大，而在 2000 年后，这一变化相对变小（图 1-9）。

在猪肉产品类型方面，我国的消费习惯也发生了较大的变化。由于原来养殖与屠宰分散、供应链落后等原因，长期以来人们以热鲜肉消费为主。近年来，随着大型养殖场与屠宰企业的出现，屠宰加工、制冷储存、猪肉品质等研究与加工技术的进步，消费逐步转向冷鲜肉、冷冻肉。特别是在城市和经济较发达的农村地区，冷鲜肉与冷冻肉消费已占据主导地位。

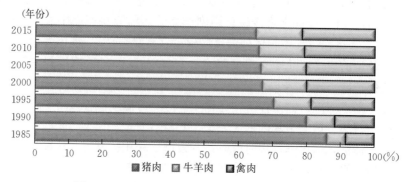

图1-9 1985—2015年中国居民主要肉类消费变化

在猪肉制品方面，由于人们生活水平的提高，腌肉、腊肉、发酵肉等肉制品的消费在城市消费市场也占据了一定的市场份额。

三、法律法规及相关标准

1. 法律法规

（1）《中华人民共和国食品安全法》 本法规定了食品、食品添加剂、食品相关产品与食用农产品的风险评估、安全标准、生产经营过程安全控制、食品检验、安全事故处置、监督管理与处罚等相关内容。本法第二条明确规定：供食用的源于农业的初级产品（以下称食用农产品）的质量安全管理，遵守《中华人民共和国农产品质量安全法》的规定。但是，食用农产品的市场销售、有关质量安全标准的制定、有关安全信息的公布和本法对农业投入品作出规定的，应当遵守本法的规定。

（2）《中华人民共和国农产品质量安全法》 本法是为保障农产品质量安全，维护公众健康，促进农业和农村经济发展而制定的法律。本法所称农产品，是指来源于农业的初级产品，即在农业活动中获得的植物、动物、微生物及其产品。本法主要内容包括农产品质量安全标准、农产品产地要求、农产品生产过程控制、农产品包装标识、农产品监督检查、处罚等。

（3）《中华人民共和国动物防疫法》 本法旨在加强对动物防疫的管理，预防、控制和扑灭动物疫病，促进养殖业的发展，保护人体健康，维护公共卫生安全，适用于在中华人民共和国领域内的动物防疫及其监督管理活动。本法所规定的动物包括家畜家禽和人工饲养、合法捕获的其他动物。本法主要内容包括动物疫病的预防、动物疫情的报告通报公布、动物疫病的控制与扑灭、动物与动物产品的检疫、动物诊疗、监督管理、保障措施与法律责任等。

(4)《生猪屠宰管理条例》 本条例是为了加强生猪屠宰管理,保证生猪产品质量安全,保障人民身体健康而制定的。本条例规定我国实行生猪定点屠宰、集中检疫制度。本条例的主要内容包括生猪定点屠宰厂的设立条件、生猪屠宰和生猪产品经营等要求、生猪屠宰监督管理要求以及法律责任等。省(自治区、直辖市)人民政府确定实行定点屠宰的其他动物的屠宰管理办法,由省(自治区、直辖市)根据本地区的实际情况,参照本条例制定。

2. 规章及规范性文件

(1)《动物检疫管理办法》(农业部令 2010 年第 6 号) 本办法是根据《中华人民共和国动物防疫法》的规定制定的,旨在加强动物检疫活动管理,预防、控制和扑灭动物疫病,保障动物及动物产品安全。本办法规定了动物卫生监督机构应当根据检疫工作需要,合理设置动物检疫申报点,并向社会公布动物检疫申报点、检疫范围和检疫对象。主要内容包括检疫申报、产地检疫、屠宰检疫、水产检疫、动物检疫、检疫审批、检测监督与罚则等。本办法明确规定了生猪屠宰过程中的检疫程序与要求。

(2)《动物防疫条件审查办法》(农业部令 2010 年第 7 号) 本办法旨在规范动物防疫条件审查,有效预防控制动物疫病,维护公共卫生安全。动物屠宰加工场所以及动物和动物产品无害化处理场所,应当符合本办法规定的动物防疫条件。本办法主要内容包括养殖场所防疫条件、屠宰加工场所防疫条件、隔离场所防疫条件、无害化处理场所防疫条件、集贸市场防疫条件、审查发证、监督管理与罚则等。对于屠宰加工场所,需要具有相应的防疫条件、设施设备等。

(3)《病死及病害动物无害化处理技术规范》(农医发〔2017〕25 号)为进一步规范病死及病害动物和相关动物产品无害化处理操作,防止动物疫病传播扩散,保障动物产品质量安全,根据《中华人民共和国动物防疫法》《生猪屠宰管理条例》《畜禽规模养殖污染防治条例》等有关法律法规,农业部组织制定了《病死及病害动物无害化处理技术规范》。主要内容包括无害化处理等术语和定义、病死及病害动物和相关动物产品的处理(焚烧法、化制法、高温法、深埋法、化学处理法等相关技术条件与要求)、收集转运要求(包装、暂存、转运技术条件与要求)、其他要求(人员防护与记录要求)等。

(4)中华人民共和国农业农村部公告第 119 号 为进一步做好非洲猪瘟防控工作,降低生猪屠宰以及生猪产品流通环节病毒扩散风险,切实保障生猪产业健康发展，根据《中华人民共和国动物防疫法》《重大动物疫情应急条例》《生猪屠宰管理条例》等法律法规及有关规定，农业农村部于 2019 年 1 月发布公告第 119 号，要求在非洲猪瘟防控期间，全面开展生猪屠宰及生猪产品流通等环节非洲猪瘟检测。其主要内容包括生猪屠宰厂应当按照有关规定，严格做好非洲猪瘟排查、检测及疫情报告工作，并主动接受监督检查；生猪屠宰厂要严格入厂查验，发现有不符合规定要求的，不得收购、屠宰有关生猪；生猪屠宰厂要按照规定，严格落实生猪待宰、临床巡检、屠宰检验检疫等制度；生猪屠宰厂应当在驻场官方兽医组织监督下，按照生猪不同来源实施分批屠宰，每批生猪屠宰后，对暂储血液进行抽样并检测非洲猪瘟病毒；检出非洲猪瘟病毒阳性的，生猪屠宰厂应当第一时间将检测结果报告当地畜牧兽医部门，并及时将阳性样品送所在地省级动物疫病预防控制机构检测（确诊）；生猪屠宰厂非洲猪瘟病毒检测结果须经驻场官方兽医签字确认；各地畜牧兽医主管部门要组织制定生猪屠宰厂样品采集和检测等有关要求，强化培训指导和监督检查，规范采样、检测和记录等工作；在生猪屠宰厂检出非洲猪瘟病毒阳性的，当地畜牧兽医主管部门要组织做好阳性生猪和生猪产品的溯源追踪；检测非洲猪瘟病毒，应当使用农业农村部批准或经中国动物疫病预防控制中心比对符合要求的检测方法开展检测。

(5)《农业农村部关于加强屠宰环节非洲猪瘟检测工作的通知》（农牧发〔2019〕7 号）　为贯彻落实国务院非洲猪瘟防控工作专题会议精神，推动农业农村部公告第 119 号落实落地，切实做好屠宰环节非洲猪瘟检测工作，农业农村部于 2019 年 3 月印发了《关于加强屠宰环节非洲猪瘟检测工作的通知》。本通知要求各地主管部门与屠宰企业必须做到：

① 统一思想认识：明确目标任务，督促生猪屠宰企业落实主体责任，开展非洲猪瘟自检，严禁未经检验检疫和非洲猪瘟检测不合格的肉品流入市场。

② 明确工作进度：各地畜牧兽医部门要督促生猪屠宰企业积极作为，创造条件，尽早开展非洲猪瘟自检。

③ 提高检测能力：各级畜牧兽医主管部门要指导屠宰企业建设符合 PCR 检测技术要求的实验室，组织检测试剂供应单位对屠宰企业检测技术人员进行培训。

④ 规范样品检测：驻场官方兽医要监督生猪屠宰企业严格按照公告要求进行检测。

⑤ 严格结果处理：生猪屠宰企业检出非洲猪瘟病毒核酸阳性的，应当立即停止生产，将检测结果报告驻场官方兽医，并及时将阳性样品送所

在地省级动物疫病预防控制机构确诊。

⑥ 严格监管措施：在规定时间内对屠宰企业进行清理整顿，对不达标的要取消定点屠宰资格，会同公安、市场监管部门持续开展严厉打击注水注药、私屠滥宰等屠宰领域违法专项行动，对违法犯罪行为保持高压态势，严防屠宰领域违法行为死灰复燃，为屠宰企业健康发展创造良好环境。

(6)《生猪产地检疫规程》（农牧发〔2019〕2号 附件1） 为促进畜牧产业健康可持续发展，防止生猪疫病传播，保证猪肉产品安全，保障人民身体健康，2019年1月2日，农业农村部印发了修订后的《生猪产地检疫规程》。本规程规定了我国生猪（含人工饲养、合法捕获的野猪）产地检疫的检疫对象、检疫合格标准、检疫程序、检疫结果处理和检疫记录要求，其主要内容包括检疫对象、检疫合格标准、检疫程序、检疫结果处理与检疫记录等。生猪产地检疫的主要检疫对象包括口蹄疫、猪瘟、非洲猪瘟、高致病性猪蓝耳病、炭疽、猪丹毒、猪肺疫等。

(7)《生猪屠宰检疫规程》（农牧发〔2019〕2号 附件2） 2019年1月2日，农业农村部印发了修订后的《生猪屠宰检疫规程》。本规程规定了生猪进入屠宰厂（点）监督查验、检疫申报、宰前检查、同步检疫、检疫结果处理以及检疫记录等操作程序。主要包括检疫对象、检疫合格标准、入厂监督查验、检疫申报、宰前检查、宰中同步检疫、检疫记录等检疫程序、操作方法与要求等内容。生猪屠宰检疫的主要对象为口蹄疫、猪瘟、非洲猪瘟、高致病性猪蓝耳病、炭疽、猪丹毒、猪肺疫、猪副伤寒、猪Ⅱ型链球菌病、猪支原体肺炎、副猪嗜血杆菌病、丝虫病、猪囊尾蚴病、旋毛虫病。对发现有不同种类疫病的，按规程要求进行相应处理。

3. 屠宰相关标准

(1)《食品安全国家标准 食品生产通用卫生规范》（GB 14881—2013） 本标准规定了食品生产过程中原料采购、加工、包装、储存和运输等环节的场所、设施、人员的基本要求和管理准则，适用于各类食品的生产。如确有必要制定某类食品生产的专项卫生规范，应当以本标准为基础。

(2)《食品安全国家标准 畜禽屠宰加工卫生规范》（GB 12694—2016） 本标准由中国动物疫病预防控制中心（农业农村部屠宰技术中心）牵头起草，由国家卫生和计划生育委员会与国家食品药品监督管理总局联合发布，规定了畜禽屠宰加工中的验收、屠宰、分割、包装、储存与运输等环节的场所、设施设备、卫生控制操作与人员的基本要求等。本标准适

用于规模以上畜禽屠宰加工企业。

(3)《猪屠宰与分割车间设计规范》(GB 50317—2009)　本标准规定了生猪屠宰与分割车间设计要求，主要内容包括厂址选择、平面布置、环境卫生的要求，宰前设施、急宰间、无害化处理间、屠宰车间与分割车间等的建筑要求，致昏刺杀放血、浸烫脱毛、剥皮加工、胴体加工、副产品加工、分割加工等的工艺要求，兽医检验、检验设施与卫生要求，胴体冷却、副产品冷却、产品冻结的制冷工艺要求，给水、热水供应、排水要求，采暖通风与空气调节要求，电气与安装要求等。

(4)《肉与肉制品术语》(GB/T 19480—2009)**和《畜禽屠宰术语》**(NY/T 3224—2018)　两术语标准统一了畜禽屠宰加工过程、肉与肉制品生产加工过程的各种术语，并规范了各种术语的解释。其中，NY/T 3224 主要包括屠宰设备与设施、屠宰加工工艺名称、屠宰操作过程、屠宰过程各种产品与半成品等相关术语；GB/T 19480 主要包括热鲜肉、冷鲜肉、冷冻肉等屠宰分割产品的相关术语，肉制品相关术语，肉制品加工过程操作与工艺相关术语，肉制品相关包装材料术语等内容。

(5)《畜禽屠宰加工设备通用要求》(GB/T 27519—2011)　本标准规定了畜禽屠宰设备的设计、制造、验收的基本要求、检验规则及标志、包装、运输、储存的要求，对设备的材料（特别是产品接触面的材料）、型号参数、结构性能、设备连接、电气、液压、气动和润滑等进行相应的技术要求，并对设备的卫生与安全作出相应的规定等。

(6)《生猪屠宰成套设备技术条件》(GB/T 30958—2014)　本标准规定了生猪屠宰设备制造企业生猪屠宰成套设备配置的基本要求，以及三类生猪屠宰企业工艺装备基本配置要求。本标准适用于新建、扩建和技术改造不同类型的生猪屠宰企业。

(7)屠宰相关设备标准　生猪屠宰相关设备标准主要包括：《猪电致昏设备》(GB/T 22575)、《畜禽屠宰加工设备　猪输送机》(NY/T 3357—2018)、《畜禽屠宰加工设备　洗猪机》(NY/T 3358—2018)、《畜禽屠宰加工设备　猪烫毛设备》(NY/T 3359—2018)、《畜禽屠宰加工设备　猪脱毛机》(NY/T 3360—2018)、《畜禽屠宰加工设备　猪燎毛炉》(NY/T 3361—2018)、《畜禽屠宰加工设备　猪抛光机》(NY/T 3362—2018)、《畜禽屠宰加工设备　猪剥皮机》(NY/T 3363—2018)、《畜禽屠宰加工设备　猪胴体劈半机》(NY/T 3364—2018)、《畜禽屠宰加工设备　手推式猪胴体输送轨道》(NY/T 3365—2018)、《畜禽屠宰加工设备　兽医卫生同步检验输送装置》(NY/T 3366—2018)、《畜禽屠宰加工设备　切割机》(NY/T 3367—2018)、《畜禽屠宰加工设备　分割输送机》

（NY/T 3368—2018）、《畜禽屠宰加工设备　自动下降机》（NY/T 3369—2018）等。

这些标准主要规定了生猪屠宰相关设备的术语和定义、设备型式、基本参数、技术要求、试验方法、检验规则和标志、包装、运输的要求。对相关设备的材质、结构、技术参数、卫生与安全控制等作了相应的技术要求，旨在保证相关设备的质量与安全，也为屠宰企业的设备运行提供了相应的技术参考。

（8）《食品安全国家标准　鲜（冻）畜、禽产品》（GB 2707—2016） 本标准适用于鲜（冻）畜、禽产品，不适用于即食生肉制品。标准要求屠宰前的生猪应经检验检疫，规定了产品的感官指标（色泽、气味、状态等）、理化指标（挥发性盐基氮）、污染物限量（符合 GB 2762 的规定）、农药残留限量（符合 GB 2763 的规定）与兽药残留限量（符合国家相关规定）要求。

（9）《鲜、冻猪肉及猪副产品　第 1 部分：片猪肉》（GB/T 9959.1—2019） 本标准规定了经检验检疫、屠宰加工后片猪肉的质量与安全技术要求，其主要内容包括：片猪肉等术语和定义；原料、加工、检验检疫、感官与食品安全指标等技术条件；温度、感官、食品安全指标等的检验方法；组批、抽样、检验、判定等的检验规则；标识、包装、储存与运输等技术要求。

（10）《分割鲜、冻猪瘦肉》（GB/T 9959.2—2008） 本标准规定了分割鲜、冻猪瘦肉的质量与安全技术要求，分割鲜、冻猪瘦肉包括颈背肌肉（简称Ⅰ号肉）、前腿肌肉（简称Ⅱ号肉）、大排肌肉（简称Ⅲ号肉）和后腿肌肉（简称Ⅳ号肉）。其主要内容包括：猪瘦肉等术语和定义；品种、原料、加工、感官、理化、微生物指标等的技术要求；感官、理化、微生物、温度等的检验方法；组批、抽样、检验、判定等检验规则；标识、包装、储存、运输等技术要求。

（11）《鲜、冻猪肉及猪副产品　第 3 部分：分部位分割猪肉》（GB/T 9959.3—2019） 本标准规定了片猪肉按部位分割后的鲜、冻分割产品的质量与安全技术要求。其主要内容包括：猪筋腱肉、猪大排等术语和定义；品种、原料、加工、生产加工过程卫生要求、感官指标与安全指标等的技术要求；温度、感官、食品安全指标、净含量等的试验方法；组批、抽样、检验、判定等的检验规则；标识、包装、储存与运输的技术要求等。

（12）《鲜、冻猪肉及猪副产品　第 4 部分：猪副产品》（GB/T 9959.4—2019） 本标准规定了猪屠宰加工后副产品的质量与安全技术要

求。其主要内容包括：猪腰、猪肚等可食用猪副产品的术语和定义；品种、原料、加工、检验检疫、食品添加剂使用、感官与食品安全指标、净含量、产品规格等的技术要求；温度、感官与食品安全指标、净含量等的试验方法；组批、抽样、检验、判定等的检验规则；标识、包装、储存与运输的技术要求。

(13)《生猪屠宰产品品质检验规程》（GB/T 17996—1999） 本规程规定了生猪屠宰加工过程中产品品质检验的程序、方法与处理。主要包括宰前的验收检验、待宰检验、送宰检验、急宰的程序与处理方法，屠宰过程与屠宰后的头部检验、体表检验、内脏检验、胴体初检、复检、检后的不合格产品的处理程序与方法，肉的分级等内容。

第 2 章

生猪屠宰相关基础知识

一、猪肉品质影响因素

良好的猪肉品质不仅激发人们的消费欲望，也可提高屠宰企业的销售和经济收益。为提高和保证猪肉品质，需要了解影响猪肉品质的诸多因素。

1.肉质评价指标

猪肉品质是一个复杂的概念，是对鲜肉或深加工肉的外观、适口性、营养价值、安全性等各方面理化性质的综合评定。通常使用感官评定（外观、色、嗅、味等）、理化测定（肉色、pH、系水力、嫩度、风味、肌间脂肪和安全指标等）进行。

（1）感官评定　品质好的猪肉表面微干或微湿润，不粘手、有光泽，肌肉呈淡红色或者暗红色。新鲜猪肉的新切面稍微湿润，指压后凹陷立即恢复，脂肪呈白色，具有新鲜猪肉特有的香味，并可通过猪肉切片水煮后进行评定，汤清、味鲜香者为佳。

（2）肉色　肉色由肌肉中以肌红蛋白为主的血色素浓度及其化学状态决定。屠宰放血良好时，肉色主要由肌红蛋白决定。新鲜肌肉呈现还原型肌红蛋白（Fe^{2+}）的颜色而呈紫红色；当与空气接触生成氧合肌红蛋白（Fe^{2+}）时，就变成鲜红色，这种反应在切后 15 min～30 min 完成；长时间放置会被缓慢氧化生成偏红蛋白（Fe^{3+}）而呈褐色；有时肌肉被细菌分解产生硫化氢（H_2S），与肌红蛋白结合形成硫化肌红蛋白（Fe^{2+}）而呈现绿色。

（3）pH　生猪屠宰后肌肉内糖原酵解可使肌肉 pH 下降，pH 还与屠宰前后的处理方法有关。屠宰应激会使糖原酵解加强，产生过量乳酸，使肌肉 pH 大幅下降；而屠宰前长时间的禁食和肌肉运动，会使肌肉中糖原耗竭而几乎不产生乳酸，使得肌肉 pH 较高。pH 与肌肉的保水性密切相关，在蛋白质等电点附近，蛋白质带的电荷最少，蛋白质和水的相互作用力降到最低。因此，一般当肌肉 pH 远离等电点时肌肉系水力高，pH 高的肌肉嫩度也高。正常猪肉屠宰后 45 min，pH 为 6.1～6.4。

（4）系水力 系水力是指当肌肉受到外力作用，如加压、加热、冷冻、切碎时保持水分的能力。系水力直接影响肉的颜色、风味、嫩度和营养价值。系水力高，肉多汁、鲜嫩、表面干爽；系水力低，水分渗出，可溶性营养成分和风味损失严重，肌肉干硬，肉质下降。系水力是反映肌肉蛋白结构和电荷变化极其敏感的指标。肉品在加热熟制过程中，会发生收缩，质量减轻。这既有水分的损失，也有脂肪和可溶性蛋白的损失。水分的损失与肉品的系水力有关，系水力高的肉损失少。因此，影响系水力的因素也影响肉品的加热水分损失，从而影响肉品的多汁性。

（5）嫩度 嫩度是猪肉品质的一个重要指标，是指人们对肌肉口感的满意程度，直接影响着肉的食用价值和商品价值。它是肉品内部结构的反映，并在一定程度上反映了肉中肌原纤维、结缔组织以及肌肉脂肪含量、分布和化学结构状态。嫩度受多种因素影响，包括生猪品种、性别、年龄、肌肉部位等宰前因素与生猪屠宰方法、猪肉储藏温度、时间等宰后因素。这些因素共同决定了肌肉中结缔组织、肌原纤维、肌浆蛋白成分与肌间脂肪的含量与化学结构状态等。

（6）风味 猪肉的风味大都通过烹调后才产生。当肉经过热加工后，风味前体物质通过美拉德反应、脂质氧化、热降解反应等生成各种呈味物质，赋予肉的滋味与香味。这些物质通过人体的味觉与嗅觉而产生特有的风味。一般来讲，滋味物质大部分为水溶性物质，而风味物质大部分为脂溶性物质。风味前体物质的沉积主要受生猪的品种、年龄、脂肪、饲料品质等影响，也与肉品加工等有关。

（7）肌间脂肪 肌间脂肪存在于肌纤维之间，主要成分是甘油三酯。肌间脂肪含量的多少表现为肌肉间大理石纹状花纹的评分，其与猪肉的风味、嫩度和多汁性等性状密切相关，是决定猪肉品质的重要指标之一。肌肉内的脂肪细胞在外肌周膜上很难沉淀，影响肉的嫩度与风味。有些品种的猪或肥育良好的猪的肌肉组织，内肌周膜和肌内膜处都有较好的脂肪沉淀，形成大理石纹状肉（图 2-1）。这些肌间脂肪与猪肉的风味直接相关，含量过低风味差，含量过高使猪肉过肥。

（8）安全指标 现今猪肉的安全性越来越受到人们的重视，这些安全指标主要与猪的疾病与饲料有关，除在生猪宰前、宰中、宰后检验检疫外，还需要重视某些兽药（抗生素）、重金属、违禁药物残留等的影响，特别需要注意国家对重点违禁药物检查的相关规定，如"瘦肉精"。这些

(a)高脂肪　　　　　　　　　　　　(b)低脂肪

图 2-1　肌间脂肪

安全指标与饲料密切相关，在生猪养殖过程中，如兽药、重金属等控制不当或添加违禁药物，会造成残留而影响猪肉的安全。

2. 异常猪肉

（1）PSE 肉　PSE（pale soft exudative）肉也称白肌肉（图 2-2）。生猪宰前受到惊吓、追赶、拥挤及捆绑等刺激，引起肾上腺素分泌增加，磷酸化酶活性增强，肌糖原无氧酵解过多，产生大量乳酸，使肌肉的 pH 下降，肌肉发生强直，肌纤维收缩，肌浆蛋白凝固，肌肉保水力降低，游离水由肌细胞内渗出，产生 PSE 肉。多发于背最长肌、半腱肌、半膜肌、股二头肌、腰肌、臂二头肌等部位。主要表现为肌肉色泽淡白，质地松软，有液体渗出，切面多汁；严重如水煮肉状，手指易插入且缺乏弹性和黏性，折光性强，透明度高，严重者甚至透明变性、坏死。

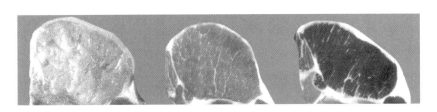

图 2-2　PSE 肉（左）、正常肉（中）和 DFD 肉（右）

对 PSE 肉的处理：病变轻微的，切除病变部位后，胴体和内脏不受限制出售，可供食用；病变严重的，切除病变部位后，胴体和内脏可作腌制品原料。

（2）DFD 肉　DFD（dark，firm and dry）肉是生猪宰前长时间处于紧张状态，或宰前断食时间过长，使糖原耗尽而产乳酸少，pH 升高，细胞呼吸作用旺盛，肌红蛋白携带的氧被夺取，使肌肉呈暗红色的干硬肉。运输时间长，发生率高，且多发于股肌和臀肌。其特征是切面干燥，质地

硬实，肌肉颜色异常深暗（图2-2）。

对DFD肉的处理：一般无碍食用。但胴体不耐保存，宜尽快利用。由于DFD肉pH高，保水性强，质地干硬，调味料不易扩散。因此，不宜作腌制腊制品。

（3）黄脂肉 由于长期大量饲喂胡萝卜素类（如叶黄素、玉米黄素等）含量高的原料，如玉米蛋白粉、南瓜、胡萝卜等饲料，这些脂溶性色素随脂肪吸收，并沉积于脂肪组织中，导致脂肪组织发黄（图2-3）。其特征为皮下或腹腔脂肪组织发黄，其发黄程度与相应饲料原料的饲喂量有关，质地变硬，稍呈浑浊，其他组织不显色，随放置时间延长其颜色逐渐减退或消失。

对黄脂肉的处理：因饲料来源而引起的黄脂肉，轻微者一般无碍食用，胴体、内脏不受限制出售。黄脂严重，如同时伴有其他不良气味者，则应化制或销毁。

（4）黄疸肉 黄疸肉是由于生猪机体发生溶血性疾病、某些中毒或传染病，导致体内胆红素形成过多、转化和处理障碍或排泄受阻，致使大量的胆红素进入血液，引起皮肤、皮下脂肪、浆膜等全身组织黄染（图2-4）。根据其病因，可分为溶血性、实质性、阻塞性3类黄疸。关节囊液、血管内膜、皮肤的黄染具有鉴别诊断意义，黄疸肉有久置氧化后颜色愈黄的特点。

图2-3 黄脂肉（左）与正常肉（右）　　　图2-4 黄疸肉

对黄疸肉的处理：发现黄疸时，必须查明其性质。传染病引起的黄疸，应结合具体疾病进行处理，猪肉不可食用。

（5）白肌病肉 饲料中缺乏维生素E和硒，或含有过多的氧化脂肪酸而阻碍机体对维生素E的利用，引起心肌和骨骼肌发生变性和坏死，产生白肌病肉。病变常发生于负重较大的肌肉，如后肢半腱肌、半膜肌、股四头肌、背最长肌、前肢臂三头肌等，呈条索状或斑块状，质地松软，湿润，似鱼肉样外观；严重的整个肌肉呈弥漫性黄白色，肉质干硬，切面干燥，可见少量灰白色小点，偶见局部钙化灶。常呈两侧肌肉对称性损害。组织学检查，可见肌纤维肿胀、断裂、溶解、透明变性或蜡样坏死，甚至钙化。

对白肌病肉的处理：病变轻微且仅限于局部时，修割病变部分作化制处理，其余部分可食用。全身肌肉有变化时，胴体作工业用或销毁。

(6) 注水肉　注水肉是在生猪临屠宰前向活体或者在生猪屠宰后向胴体内注入水的肉。注水肉肌肉间隙含有水分，指压陷窝不易恢复，肌肉色泽淡或呈淡灰红色，有的呈黄色，显得肿胀，从切面上看有明显的水分。

注水违反我国《食品安全法》《生猪屠宰管理条例》等法律法规，属于违法生产行为。

(7) 气味异常肉　生猪宰前长时间饲喂有特殊气味的原料，如腐败脂肪、鱼粉等动物性原料、泔水饲料等。这些气味性物质会积聚于肉与脂肪中，导致不良气味产生。

未去势、种猪、晚去势的生猪，其猪肉和脂肪常出现难闻的腥气味。肉的气味在去势后 2 周～3 周消失，脂肪气味在去势后两个半月后消失，而唾液腺的气味消失得更晚些。

3. 品种与猪肉品质

我国猪品种资源丰富，根据其来源可分为地方品种、引进品种和培育品种 3 大类，根据各猪品种的屠宰瘦肉率又可分为瘦肉型、肉脂型和脂肪型。

猪品种不同，其生产力也不同（表 2-1）。我国各地方品种是在地方自然环境下，经自然或人工选育而成的品种，对当地环境与饲料有很强的适应性。但由于我国以前选育技术落后，这些地方品种生产能力相对较弱，基本上均为脂肪型。随着国外瘦肉型品种大量引入，有些品种不适应地方的环境条件，且由于国外引入品种生长快，肉质风味相对较差。因此，我国有些地方的育种机构采用地方品种与引入品种杂交的方式对后代进行选育，经长时期的育种选育，培育出了大量的新品种，这些品种以肉脂型和瘦肉型居多。

表 2-1　猪不同品种生产力特性

项目		地方品种	引进品种	培育品种
生产类型		脂肪型	瘦肉型	瘦肉型或肉脂型
体型外貌	体型	方砖形	流线形	圆筒形
	头颈部	重而肉多	轻而肉少	居中
	四肢	体矮、四肢间窄	体高、四肢间宽	居中

（续）

项目		地方品种	引进品种	培育品种
胴体	瘦肉率	低于45%	高于55%	45%～55%
	背膘厚度	大于4.5 cm	小于3.5 cm	3.5 cm～4.5 cm
代表品种		太湖猪、金华猪、民猪、荣昌猪等50多种	大约克、长白、杜洛克、汉普夏、皮特兰等	苏太猪、上海白猪、北京黑猪等
生长性能		生长速度慢，料肉比高	生长速度快，料肉比低	生长速度、料肉比较好
肉质性能		水分低，肌间脂肪高，风味好	水分高，肌间脂肪低	水分、肌间脂肪居中

例如，苏太猪（图2-5）是以产仔数多的太湖猪为母本，以优秀的引进种猪杜洛克为父本，经过杂交多代选育而成的瘦肉型培育新猪种，既保持了太湖猪的高繁殖性能及肉质鲜美、适应性强等优点，又具有杜洛克生长速度快、瘦肉率高的特点。

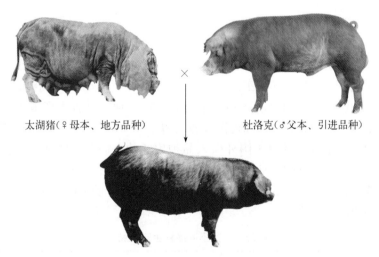

太湖猪（♀母本、地方品种）　　　　　杜洛克（♂父本、引进品种）

图2-5　苏太猪（培育品种）

根据猪的生长规律（图2-6），生猪约90 kg时进行屠宰是较经济的体重。此时瘦肉率较高，脂肪沉积适中，其肉的品质也较好。屠宰过早没发挥出其生产效率，而屠宰过晚则会导致摄入营养以合成脂肪为主，效益下降。但也有为了提高风味增加肌间与皮下脂肪而延长饲养时间的，使得风味物质随饲养时间延长而沉积于脂肪组织中。

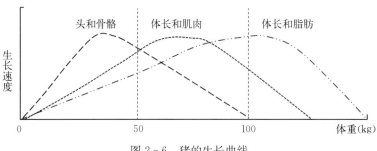

图 2-6　猪的生长曲线

4.营养与猪肉品质

猪在生长过程中，需要摄入大量营养才能维持其生命与生长的需要，而其营养全部来自饲料。各种不同的营养物质（碳水化合物、蛋白质、脂肪等）在猪体内消化、吸收后，经过一系列复杂的生化反应，部分用于猪的维持需要，而大部分则用于其生长与发育，即合成蛋白与脂肪积累于猪体中。不同的猪品种、性别、年龄等具有不同的营养需要，因而不同的饲料营养对猪的生长与肉品质具有极大的影响，主要包括饲料中各种营养成分比例、饲料品质、饲料供给量等因素。

（1）淀粉与脂肪　猪体脂肪中的脂肪酸一部分来源于自身的合成，另一部分则直接利用饲料中脂肪分解的脂肪酸。自身合成的以饱和脂肪酸为主，故猪自身合成的体脂相对饱和度高、脂质相对较硬、肉质较好；而植物脂肪以不饱和脂肪酸为主，猪在利用此类脂肪酸与自身合成的脂肪酸合成体脂后，体脂不饱和程度较高，其脂质会发软，不利于肉品的加工。例如，大量食用米糠（含有高不饱和脂肪酸）后，猪胴体皮下脂肪变软。所以，一般用于制作火腿的猪，在猪生长后期饲料能量以淀粉为主，而减少饲料脂肪的含量。另外，由于大量风味前体物质呈脂溶性特点，与脂肪一同吸收沉积于脂组织中，故如果使用劣质氧化脂肪，会严重影响猪肉的风味。

（2）蛋白质　不同品种、年龄的猪对蛋白质的需要量不同，一般随年龄的增长其对蛋白质的需要量降低。另外，瘦肉型猪对蛋白质的要求相对于肉脂型与脂肪型猪要高，故在猪生长期间，需要提供合适的蛋白质以满足不同类型、不同年龄猪的生长需要。适当提高饲料中蛋白质水平，可促进生长、增加眼肌面积与瘦肉率、降低背腰厚度与肌间脂肪量。低蛋白饲料日粮会影响猪体蛋白的合成与沉积，从而影响猪的瘦肉率与屠宰率；反之，蛋白质过多会造成大量蛋白分解的氨基酸脱氨提供能量，并形成大量

的酮体而产生酮病,影响猪的生长。研究表明,合理的蛋白质营养可提高猪肉的系水力,改善肉的嫩度与风味。

(3) 饲料来源 由于动物性饲料原料中存在较多的呈味物质,这些物质会随着猪的消化吸收而沉积于猪肉产品中。动物性原料一般都有特异性味道(如鱼粉的鱼腥味),故如在生长后期大量使用这些原料,会造成猪肉产生非正常气味,严重影响猪肉品质。而一般常用的植物性原料中不存在特殊的气味,故在猪生长后期一般采用植物性原料而不用动物性原料。另外,使用餐饮废弃物饲喂的泔水猪,由于易受各种微生物、重金属、有机危害物等污染,导致猪免疫机能下降,生长缓慢,屠宰后肉色、风味差,甚至会严重影响猪肉食品安全。

5. 微生物与猪肉品质

由于鲜肉的营养成分、水分活度和 pH 等条件特别适宜微生物的生长,故猪肉品质也极易受到微生物影响。通过可控的有益微生物的发酵,可引起肉中蛋白质变性和降解,既改善产品质地,也提高了蛋白质的吸收率。通过微生物发酵及内源酶共同作用,赋予产品独特的风味。肉中有益微生物可产生乳酸、酵素等代谢产物,降低肉品 pH,可提高产品安全性和延长产品货架期。但是,微生物作用不可控或在有害腐败菌的作用下,微生物会在肉品中短时间内大量繁殖。因此,在屠宰过程中控制微生物污染是保证猪肉品质的关键因素。鲜肉中微生物的来源分为内源性和外源性两部分。内源性污染是指生猪在屠宰前体内受到微生物的感染,病原微生物在体内可直接污染鲜肉;外源性污染是指在屠宰、加工、储藏、销售等环节的微生物污染,特别是在猪屠体表面有创伤时,污染微生物极易进入肌肉组织,造成肉品微生物严重污染。因此,宰前检疫和控制屠宰过程中微生物的污染是保证猪肉品质的关键。

(1) 微生物污染来源

① 器具污染。在屠宰加工中需要使用不同的刀具、案板、容器等设备与设施,由于直接接触猪屠体或胴体,表面会污染各种微生物。若不及时清洗消毒,微生物会大量滋生,造成对猪肉产品的污染。

② 动物污染。生猪体表的污垢存在大量微生物,在屠宰时不及时清洗会污染猪肉产品。另外,猪消化道内容物、淋巴结等部位也存在大量的有害微生物,如果屠宰中消化道破裂、淋巴结切开均会污染猪肉。

③ 人员污染。屠宰与分割操作工人也是猪肉微生物污染的来源之一,特别是屠宰工人的手是猪肉的重要污染源。在屠宰过程中,工人的手将会造成胴体表面污染和胴体之间的交叉污染。即便戴着手套,如不注意,也

会造成交叉污染。

④ 水质污染。在致昏前、刺杀放血后、剥皮后、劈半前后等环节都要用温水冲洗，以除去屠体、胴体表面的血迹和污物，有效地控制微生物的污染。但若水中微生物的含量超标，则会由水造成交叉污染，使屠体或胴体表面污染大量的微生物。

⑤ 环境污染。在生猪屠宰过程中，屠宰环境往往受到猪体表污物、内脏内容物等污染，易滋生大量微生物。如果控制与操作不当，环境微生物也会污染猪肉。

（2）微生物控制方法

① 屠宰检疫。需要根据检验检疫要求，加强产地检疫、宰前检疫、同步检疫等，严格控制各种病原微生物，以保证猪肉产品安全。

② 宰前管理。根据要求对生猪宰前适当地进行禁食、饮水控制与宰前禁水，以充分排空肠道内容物，减少污染风险。

③ 冲淋清洗。应保证生猪或屠体、胴体在各个环节的正常冲洗，以控制各种污物，防止微生物污染。

④ 器具洗消。根据不同要求对各种刀具、容器、案板等设备设施进行清洗与消毒，防止微生物滋生与交叉污染，特别是对接触污物的器具需要及时消毒清洗。例如，对刺杀刀具进行清洗消毒控制。

⑤ 屠宰控制。尽量在屠宰期间规范操作，特别是在屠宰前段工艺中猪体表微生物较多时，防止由于器具使用不当造成猪屠体表面创伤或由于处理温度、时间过长而造成在脱毛等工序中刮伤。

⑥ 人员消毒。操作人员在工作前应按要求穿戴整齐，并进行严格的清洗消毒后才能进入操作场所。车间应配置完备的人员清洗消毒设施设备。

⑦ 环境控制。需要对车间环境进行清洁，并按要求定期消毒；另外，还需要控制车间的温度、湿度与空气清洁处理，特别应注意屠宰后段工序（如分割）对车间环境的控制。

⑧ 水质控制。为防止水质对猪肉的二次污染，需要严格控制水质，至少使用符合饮用水标准的水源。对于具有特别要求的冲洗用水，可根据不同要求使用。

6. 屠宰加工与猪肉品质

良好的屠宰操作和加工工艺、良好的基础设施条件、严格的检验检疫、良好的加工秩序，既是保证猪肉质量安全的基础，也是保证猪肉质量安全的关键。对屠宰企业而言，控制屠宰加工是企业质量安全管理的核

心，可有效提高猪肉品质，增加产品出品率，提高企业效益。

从工艺的角度讲，宰前管理、电麻放血、开膛、劈半、预冷等是关键控制点。从管理的角度看，人员技术、生产速度、设备性能（技术装备水平）等是关键影响因素。生猪屠宰操作规程从保证猪肉质量安全和工作效率的角度进行了规定，具体见本书第4章和第5章。

二、生猪屠宰解剖知识

猪解剖学是生猪屠宰与分割的技术基础。作为生猪屠宰与分割操作人员，只有充分了解并熟悉猪的解剖特点，才能提高生猪屠宰分割效率与质量。同时，充分了解猪疾病对相关器官的影响，有利于及时、有效控制生猪屠宰与肉品安全。

1. 外形

根据猪外形特征，一般可将猪划分为头、颈、肩、背、胸、腰、臀、尾等多个部位（图2-7）。

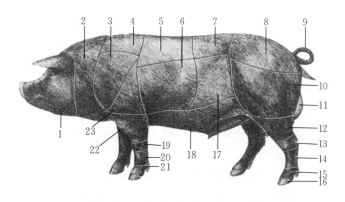

图2-7　猪外表部位划分与名称

1. 头　2. 颈　3. 肩　4. 鬐甲　5. 背　6. 胸　7. 腰　8. 臀　9. 尾　10. 股（大腿）
11. 阴囊　12. 胫（小腿）　13. 跗（飞节）　14. 跖（管）　15. 趾　16. 蹄　17. 肷
18. 下腹　19. 腕　20. 掌（管）　21. 指　22. 前臂　23. 臂

2. 骨骼与关节

猪的全身骨骼共有约206块，具有支持躯体、保护体内重要器官、供肌肉附着、作运动杠杆等作用，部分骨骼还有造血、维持矿物质平衡的功能。根据所在部位不同，骨骼系统分为中轴骨骼和附肢骨骼两部分，其中，中轴骨骼为头部骨骼和躯干骨骼，附肢骨骼有前肢骨骼与后肢骨骼。位于中轴位置的骨骼一般为 1 块，而位于中轴两侧位置的骨骼一般成对存在。骨与骨之间的连接称骨连接。骨连接又分为直接连接和间接连接。关节是间接连接的一种形式，是由关节面（含关节软骨）、关节囊（内表面能分泌滑液）及关节腔（关节软骨与滑膜之间的空隙）组成。其主要骨骼如图 2 - 8 所示。

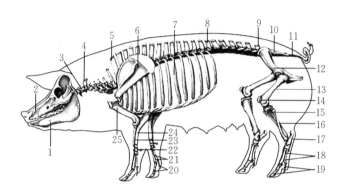

图 2 - 8　猪主要骨骼

1. 下颌骨　2. 上颌骨　3. 寰椎　4. 枢椎　5. 第 1 胸椎　6. 肩胛骨　7. 第 10 肋骨

8. 第 15 胸椎　9. 第 6 腰椎　10. 荐骨　11. 尾椎　12. 髋骨　13. 股骨　14. 膝盖骨

15. 胫骨　16. 腓骨　17. 跗骨　18. 跖骨　19. 趾节骨　20. 指节骨　21. 掌骨

22. 腕骨　23. 桡骨　24. 尺骨　25. 臂骨

头部骨骼主要由下颌骨、上颌骨、鼻骨、腭骨、顶骨、额骨、颞骨、枕骨等组成。其中，下颌骨与颞骨形成下颌关节，能上下活动，其他头部骨骼则形成一个固定的整体。头部枕骨通过寰椎形成枕寰关节与躯体脊椎相连。

躯干骨骼主要由椎骨、胸骨和肋骨组成。其中，椎骨数由于品种不同而略有差异，一般包括颈椎 7 节、胸椎 14 节～17 节、腰椎 6 节～7 节、荐椎 4 节（成年后愈合为一个荐骨）、尾椎 20 个～23 个。肋骨头部与胸椎相连形成肋椎关节，末端与胸骨相连，三者形成胸腔。肋骨数量与胸椎相同，有 14 对～17 对。其中，寰骨与枢椎形成寰枢关节，与枕寰关节协同，提高了头部活动的灵活程度。

前肢骨骼主要由成对的肩胛骨、臂骨、尺骨、桡骨、腕骨、掌骨、指节骨等组成。前肢骨骼与躯干骨骼不直接相连，而是由肩胛骨（俗称扇子骨）通过斜方肌、肩胛横肌、三角肌、臂三头肌等多块肌肉与躯干连接，位于第 3 至第 7 胸椎处。其中，肩胛骨与臂骨形成肩关节，肱骨与桡骨形成肘关节，桡骨、尺骨与腕骨、掌骨之间组成腕关节，掌骨与指节骨形成

趾关节。

后肢骨骼主要由成对的髋骨、股骨、膝盖骨、胫骨、腓骨、跗骨、跖骨、趾节骨等组成。由髋骨与荐骨相连形成不可活动的荐髋关节，由髋骨和股骨组成髋关节，由股骨与胫骨组成股胫关节及与髋骨组成股髋关节，由胫骨、腓骨和跗骨、跖骨组成跗关节，由跖骨与趾骨组成趾关节。

3. 肌肉

肌肉组织由特殊分化的肌细胞构成，许多肌细胞聚集在一起，被结缔组织包围而成肌束。其间有丰富的毛细血管和肌纤维分布，主要功能是收缩，机体的各种动作、体内各脏器的活动都由它完成。

肌肉类型可以分为骨骼肌、平滑肌和心肌3种（图2-9）。其中，骨骼肌与心肌在显微镜下观察有暗明相间的条纹，故又称横纹肌。骨骼肌附着在骨骼上且成对出现，一块肌肉朝一个方向移动，另一块朝相反方向移动。这些肌肉通常随意志收缩，支撑猪骨骼与运动，所以又称随意肌。这类肌肉是形成猪肉产品的主要类型。平滑肌不能由意志控制，所以又称为非随意肌。它是由细长的细胞或肌纤维构成的，没有横纹，主要分布在体内中空器官的周壁上。心肌是猪体最重要的肌肉，是由肌纤维以一种极为复杂的方式交织而成的，构成了心壁，心肌也属于非随意肌。

	产品类型	肌肉结构	细胞形态	
骨骼肌				随意 横纹肌
平滑肌				非随意 无横纹
心肌				非随意 横纹肌

图2-9 不同肌肉类型组织形态比较

猪全身有300块左右的骨骼肌，其主要骨骼肌名称及分布见图2-10。

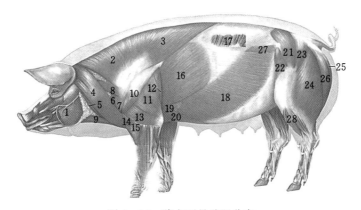

图 2 - 10　猪主要骨骼肌分布

1. 咬肌　2. 颈部斜方肌　3. 胸部斜方肌　4. 锁棕肌　5. 锁乳肌　6. 锁骨下肌　7. 冈上肌
8. 肩胛横肌　9. 胸舌骨肌　10. 三角肌　11. 臂三头肌长头　12. 前臂筋膜张肌
13. 臂三头肌外头　14. 臂肌　15. 腕桡侧伸肌　16. 背阔肌　17. 后背锯肌
18. 腹外斜肌　19. 胸下锯肌　20. 胸深肌　21. 臂中肌　22. 阔筋膜张肌
23. 臂浅肌　24. 股二头肌　25. 半膜肌　26. 半腱肌　27. 腰最长肌　28. 腓长肌

4. 结缔组织

结缔组织由细胞和大量细胞间质构成。结缔组织的细胞间质包括液态、胶体状或固态的基质、细丝状的纤维和不断循环更新的组织液，具有连接、支持、营养、保护等多种功能。

结缔组织可分为疏松结缔组织、致密结缔组织、脂肪组织等。疏松结缔组织细胞种类较多，纤维较少，排列稀疏，在体内广泛分布，位于器官之间、组织之间以至细胞之间，如皮下组织（图 2 - 11）。致密结缔组织与疏松结缔组织基本相同，两者的主要区别是致密结缔组织中的纤维成分特别多，而且排列紧密，细胞和基质成分很少，如筋腱、韧带等（图 2 - 12）。脂肪组织（图 2 - 13）主要是由大量脂肪细胞集聚而成，疏松结缔组织将成群的脂肪细胞分隔成许多脂肪小叶，如皮下脂肪组织与腹脂等。

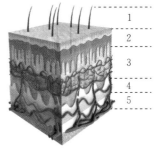

图 2 - 11　皮肤组织结构

1. 被毛　2. 表皮组织层
3. 真皮组织层　4. 皮下组织与皮
下脂肪层　5. 腱膜与肌肉组织层

5. 内脏

内脏是位于体腔内直接或间接与体外相通的器官总称，按其形态结

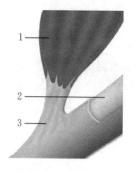

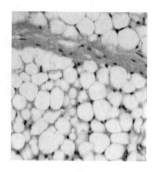

图 2-12　肌腱结构　　　　　图 2-13　脂肪组织
1. 肌肉　2. 骨　3. 肌腱

构，分为管腔性器官和实质性器官两大类。管腔性器官都有管道与外界相通，如消化道、尿道、呼吸道等；实质性器官主要是腺体，以导管开口于管腔性器官的壁，如肝、胰等。体腔由胸膈膜分成胸腔与腹腔两大部分。猪的内脏主要由消化系统、呼吸系统、循环系统、泌尿系统与生殖系统的相关器官组成，其内脏名称与位置见图 2-14。

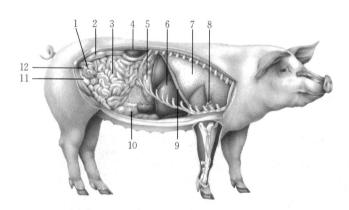

图 2-14　猪内脏（母）
1. 子宫　2. 直肠　3. 空肠　4. 肾　5. 胃　6. 肝　7. 肺　8. 心
9. 胸膈膜　10. 盲肠　11. 膀胱　12. 卵巢

消化系统的主要内脏器官有食道、胃、消化腺（肝、胰）、小肠（十二指肠、空肠、回肠）和大肠（结肠、盲肠、直肠）；呼吸系统的主要内脏器官是肺；循环系统的主要内脏器官是心；泌尿系统的主要内脏器官是肾和膀胱；生殖系统的主要内脏器官，母猪是子宫、输卵管和卵巢，公猪是位于腹腔外的睾丸等。其中，肺与心位于胸腔内，食道穿过胸腔进入腹腔，其他器官位于腹腔内。

6. 三腺

三腺指的是甲状腺、肾上腺和病变淋巴结。人体误食后会产生较大危害，所以在屠宰时需要摘除，通常称为摘三腺。

（1）甲状腺　位于猪颈部喉下气管腹侧，腹面呈长椭圆形，深红色，左右二叶相连，长 3 cm～6 cm，宽 3 cm～4 cm（图 2 - 15）。其含有大量的甲状腺激素，一般的烧煮烹调不能将其破坏，人误食后过量的甲状腺素会造成过敏中毒，病人出现兴奋、恶心、呕吐、狂躁不安、心脏悸动、头痛、发热和荨麻疹等症状，中毒严重时还可导致死亡。

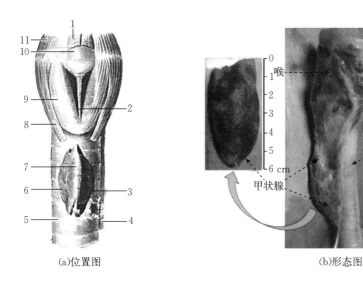

(a)位置图　　　　　　　　　　　　　　(b)形态图

图 2 - 15　猪甲状腺

1. 胸骨甲状腺前肌　2. 环甲韧带　3. 甲状腺左叶　4. 食管　5. 气管　6. 甲状腺右叶
7. 甲状腺峡部　8. 胸骨甲状肌　9. 环甲肌　10. 喉　11. 甲状舌骨肌

（2）肾上腺　又称"小腰子"，位于肾脏的前内侧，与肾共同包于肾脂肪内，呈红褐色三角形，左侧稍大长约 6 cm，右侧稍小长约 5 cm（图 2 - 16）。人如果误食肾上腺，大量的肾上腺素约半小时即可使人发病，主要症状为恶心、呕吐；心绞痛、手足麻木、血压及血糖升高等。

（3）病变淋巴结　淋巴结含有大量吞噬细胞，吞噬各种细菌和病毒，而病变淋巴结含有大量有害物质。人食用病变淋巴结，会影响身体健康。

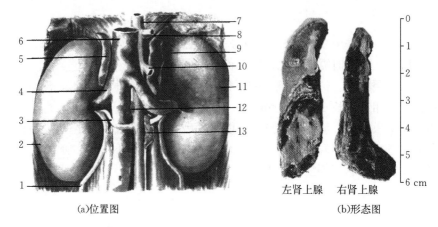

(a)位置图　　　　　　　　　　　(b)形态图

图 2-16　猪肾上腺

1. 输尿管　2. 右肾　3. 肾动脉　4. 肾静脉　5. 右肾上腺　6. 后腔静脉　7. 腔主动脉

8. 腹腔动脉　9. 左肾上腺　10. 前肠系膜动脉　11. 左肾　12. 腰主动脉淋巴结　13. 肾淋巴结

三、生猪病理与解剖学变化

　　猪发生各种疾病后，由于各种病原对不同组织的亲和性不同，从而对各组织的危害也各不相同，在相应组织表现出较为明显的病理变化和相应的临床症状。因此，在生猪验收、屠宰同步检验时，可根据淋巴结、体表、内脏、肌肉等各组织的病理变化，判定生猪是否患有相关疾病。

1. 淋巴组织

　　淋巴系统是重要的免疫防御系统，它遍布全身各处，由淋巴管、淋巴组织（如淋巴结）、淋巴器官（如胸腺、骨髓、脾、扁桃体等）构成（图2-17）。一方面，淋巴系统引流淋巴液，清除机体内的异物、细菌等；另一方面，淋巴系统是身体防御的前哨，大量分散于身体各部分。淋巴结似一滤过装置，可有效阻止经淋巴管进入的微生物。

　　当机体局部或某器官发生病变或炎症时，细菌、毒素等异物可随淋巴液经淋巴管扩散到附近相应的淋巴结。该局部淋巴结具有阻截和清除这些细菌或毒素等异物的作用，成为阻止病变蔓延和扩散的防御屏障。此时，淋巴结内的细胞迅速增殖，机能旺盛，体积增大，局部淋巴结肿大，故淋巴结是反映机体病理状态的组织。猪感染后，常见的颌下淋巴结、颈淋巴结、腹股沟淋巴结、髂淋巴结、肠系膜淋巴结等反应最明显，肉眼可见明

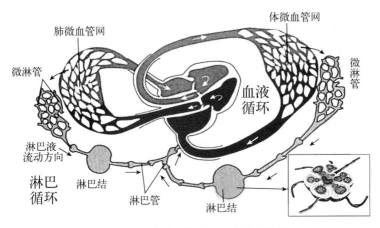

图2-17 猪淋巴循环与血液循环简图

显肿大，是宰后检验猪肉最具有剖检意义的淋巴结。猪主要淋巴结及全身分布见图2-18。

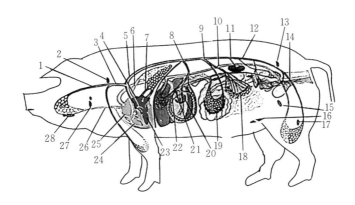

图2-18 猪血液循环与主要淋巴结分布

1. 颈动脉 2. 颈浅淋巴结 3. 臂头动脉总干 4. 左心房 5. 主动脉

6. 肺动脉 7. 肺静脉 8. 腹腔动脉 9. 肠系膜动脉 10. 后腔静脉 11. 臀动脉

12. 肠系膜后动脉 13. 髂内淋巴结 14. 髂外动脉 15. 髂下淋巴结 16. 腹股沟浅淋巴结

17. 腘淋巴结 18. 肠系膜淋巴结 19. 结肠淋巴结 20. 胃淋巴结 21. 肝动脉 22. 门静脉

23. 左心室 24. 右心室 25. 右心房 26. 颈静脉 27. 咽背淋巴结 28. 颌下淋巴结

（1）颌下淋巴结 位于颌下间隙，颌下腺的前面（图2-19）。主要收集头的前半部、咬肌、舌肌、喉、扁桃体、唾液腺以及下唇、腮腺、颈前部皮肤的淋巴液。

（2）颈浅淋巴结 位于肩关节前方，肩脚横突肌和斜方肌的下面（图2-19）。它分为颈浅背侧（该淋巴结位置较浅，易剖检）、中、腹侧淋巴结三群，分别汇集颈部及前部浅层和深层组织的淋巴液。颈浅背侧淋巴结汇集颈浅中和颈浅腹侧淋巴结，直接或间接汇集了猪体前半部以及头部绝大部分组织的淋巴，剖检的过程往往破坏肉的商品外观。因此，在对疑似病猪进行综合卫生判定时，才剖检颈浅背侧淋巴结。

图 2 - 19 　猪头部主要淋巴结

1.腮腺　2.腮腺淋巴结　3.颈浅背侧淋巴结　4.咽后外侧淋巴结
5.颈浅腹侧淋巴结　6.颌下副淋巴结　7.颌下腺　8.颌下淋巴结

（3）腹股沟浅淋巴结　位于下腹壁皮下脂肪内、最后一个乳头后上方。腹股沟浅淋巴结汇集来自猪体的下腹部、乳房和生殖器官的淋巴液，生猪经常趴卧，易于通过这些部位传染某些疫病。所以，宰后剖检该淋巴结是非常必要的。

（4）髂内淋巴结　位于髂外动脉附近，旋髂动脉起始部的前方，汇集猪体后半部大部分的淋巴液，是猪体后半部重要的淋巴结（图 2 - 20）。腹股沟深淋巴结并入髂内淋巴结，其分布在髂外动脉分出的旋髂深动脉血管旁侧，除汇集来自腘淋巴结、腹股沟浅淋巴结和髂下淋巴结等淋巴外，同时还直接汇集猪体后半部深、浅部组织的淋巴。该淋巴结直接或间接地汇集了整个猪体后半部的淋巴。

（5）髂下淋巴结　又称股前淋巴结或膝上淋巴结，位于膝前皱襞内、阔筋膜张肌的近前缘、膝关节与髋结节连线的中点。在实践中，往往以剖检髂下淋巴结来代替腹股沟深淋巴结。原因是腹股沟深淋巴结位于骨盆腔内，位置不固定，经常被体腔内脂肪所覆盖，不便于剖检；髂下淋巴结体型大，位置表浅，易于剖检（膝褶内皮下，如拇指大小），且汇集淋巴范围较为广泛。汇集来自猪体后半部体壁上面和侧面的皮肤及表层肌肉组织的淋巴，而猪的常见疫病在体壁上的表现较为显著。

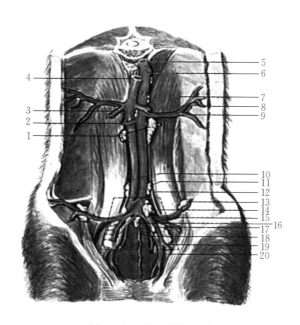

图 2 - 20　猪后躯淋巴结

1. 肾淋巴结　2. 肾动脉　3. 肾静脉　4. 后腔静脉　5. 腹主动脉　6. 腹腔动脉
7. 前肠系膜动脉　8. 膈腹静脉　9. 膈腹动脉　10. 睾丸动脉、静脉
11. 腰主动脉淋巴结　12. 后肠系膜动脉　13. 髂外淋巴结　14. 髂内淋巴结
15. 髂外动脉　16. 荐淋巴结　17. 髂内动脉　18. 荐中动脉　19. 股深动脉　20. 股动脉

（6）肠系膜淋巴结　肠系膜是悬吊、固定肠管的腹膜的一部分，有丰富的淋巴分布。淋巴管源于肠黏膜毛细血管丛或小肠绒毛中的中心乳糜管，与肠系膜静脉同行，引流到肠系膜根部淋巴结或主动脉旁淋巴结，然后经乳糜池、胸导管而进入血循环。消化道内脏、腹腔感染病毒或细菌时，肠系膜淋巴结会有明显肿大（图 2 - 21）。

（7）肝门淋巴结　位于肝门（图 2 - 22），主要收集肝脏淋巴液。肝脏病变时，肝门淋巴结变化明显。

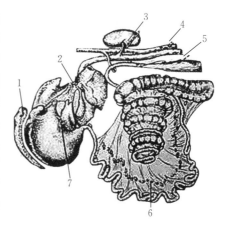

图 2 - 21　猪内脏淋巴模式

1. 脾淋巴结　2. 肝淋巴结　3. 肾淋巴结
4. 腰主动脉淋巴结　5. 结肠淋巴结
6. 肠系膜淋巴结　7. 胃淋巴结

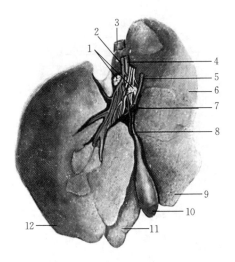

图 2 - 22　肝门淋巴结位置

1. 肝门淋巴结　2. 肝动脉　3. 后腔静脉　4. 门静脉　5. 胆总管　6. 肝右外叶
7. 肝管　8. 胆囊管　9. 肝右内叶　10. 胆囊　11. 肝左内叶　12. 肝左外叶

(8) 支气管淋巴结　位于左、右主支气管与肺门处（图 2 - 23），收集左右肺部淋巴液。肺病变时，支气管淋巴结明显肿大。

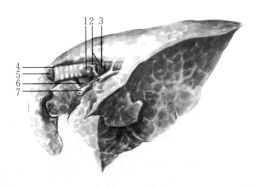

图 2 - 23　支气管淋巴结位置

1. 气管支气管左淋巴结　2. 左、右主支气管　3. 气管支气管中淋巴结
4. 气管　5. 气管支气管前淋巴结　6. 气管支气管右淋巴结　7. 右肺动脉

在胴体淋巴结检查时，首先观察淋巴结的外表及形态、大小、色泽等。在正常情况下，淋巴结在活体内呈粉红色或微红褐色，在胴体内则呈不同程度的灰白色，并略带黄色，但无血色，大小适中。触摸检查时，整个浆膜面光滑湿润，质地细腻较硬，无松弛变软或肿大现象。正常淋巴结断面结构清晰，无血液或其他渗出液，被膜、小梁、髓质、皮质结构分

明，色泽正常。如见到淋巴结有肿大、充血、出血、变性、坏死、增生、萎缩、脓肿等变化时，多为某些传染性疾病所致。

2. 其他组织

(1) 体表　在常见猪病中，有较多的疾病会影响到生猪体表组织，如猪瘟、非洲猪瘟、猪副伤寒、猪肺疫、猪丹毒等，均会造成猪皮肤出血点、红斑、疹块等临床症状；而某些疾病对特殊的体表部位有明显的症状，如口蹄疫会造成口、蹄的水泡和烂斑。

(2) 内脏　大部分猪传染病除造成淋巴异常外，对猪各脏器也有不同程度的影响，会造成猪内脏的肿大、充血、色泽与器质性异常等症状。例如，猪瘟造成脾脏与胃肠病变；猪蓝耳病造成肺、肝、脾、肾病变；肺吸虫造成肺囊肿；肝吸虫造成肝病变与胆管虫体阻塞等。

(3) 肌肉　引起猪肌肉明显症状的有囊虫（绦虫）、住肉孢子虫与旋毛虫等，主要是虫体幼虫寄生于咬肌、股内侧肌、腰肌、横膈肌等部位肌肉中，形成肌间乳白色小节囊肿或凸出表面的灰白或浅白色卵圆形点状物。

第 3 章

术 语 和 定 义

【标准原文】

3　术语和定义

GB 12694 和 GB/T 19480 界定的以及下列术语和定义适用于本文件。

3.1

猪屠体　pig body

猪致昏、放血后的躯体。

3.2

同步检验　synchronous inspection

与屠宰操作相对应，将畜禽的头、蹄（爪）、内脏与胴体生产线同步运行，由检验人员对照检验和综合判断的一种检验方法。

3.3

片猪肉　demi-carcass pork

将猪胴体沿脊椎中线，纵向锯（劈）成两分体的猪肉，包括带皮片猪肉、去皮片猪肉。

【内容解读】

本条款规定了标准中相关术语及其定义。

为使生猪屠宰企业生产中与政府监督管理工作中对有关内容表述一致，必须统一相应的术语和定义。本标准（GB/T 17236—2019）规定了生猪屠宰操作中的术语和定义。

GB 12694、GB/T 19480 界定的术语和定义，适用于本标准。除此以外，标准中列出的猪屠体、同步检验和片猪肉 3 个术语，以本标准的定义为准。

1. GB 12694 界定的术语和定义

《食品安全国家标准　畜禽屠宰加工卫生规范》（GB 12694）界定的

与本标准相关的术语和定义为胴体。胴体是指放血、脱毛、剥皮或带皮、去头蹄（或爪）、去内脏后的动物躯体。

与屠宰相关的术语还有肉类、食用副产品、非食用副产品、宰前检查、宰后检查、非清洁区、清洁区等。相关定义详见 GB 12694。

2. GB/T 19480 界定的术语和定义

《肉与肉制品术语》（GB/T 19480）中界定的与生猪屠宰和分割相关的肉产品术语和定义主要有热鲜肉、鲜片猪肉、冷却肉（冷鲜肉）、冷却片猪肉、冷冻肉、冻片猪肉、红肉、白肉、胴体、片猪肉、肥肉（肥膘）、剔骨肉、分割肉、肩颈肉（颈背肌肉）、前腿肌肉、大排肌肉、后腿肌肉、背腰、软骨、里脊肉、五花肉、副产品、骨头产品等。

《肉与肉制品术语》（GB/T 19480）中界定的与猪肉品质或加工指标有关的术语和定义主要有气味、风味、保水性、肉汁、肉质、嫩度、肉的僵直、肉的成熟、肉的自溶、肉的腐败、热收缩、冷收缩、冰点、PSE 肉、DFD 肉等。

以上相关术语和定义详见 GB/T 19480。

3. 本标准界定的术语和定义

本标准中列出的 3 个术语和定义在《食品安全国家标准 畜禽屠宰加工卫生规范》（GB/T 19480）与《肉与肉制品术语》（GB/T 19480）中未涉及，而这 3 个术语在本标准中被应用，故本标准给出了 3 个术语的定义，即猪屠体、同步检验、片猪肉。

（1）猪屠体 猪屠体是指猪经致昏、刺杀放血后，进入后段工序前的猪躯体。

（2）同步检验 同步检验是指与屠宰操作工序相对应，将生猪的头、蹄、内脏与胴体生产线同步运行，由检验人员对照检验和综合判断的一种检验方法。在生猪屠宰加工过程中，把猪的胴体和内脏编上同一号码放在检验输送线上，使内脏和猪胴体同步检验，并随流水线不断向前输送。

（3）片猪肉 又叫白条肉。GB/T 19480 中对于片猪肉的定义为猪屠宰后，将胴体沿正中脊椎骨劈（锯）开，分成两分体的猪肉。而本标准对片猪肉的定义为将猪胴体沿脊椎中线，纵向锯（劈）成两分体的猪肉，包括带皮片猪肉、去皮片猪肉。本标准对定义进行了修改，主要是生猪屠宰操作有剥皮工序与不剥皮工序之分，故对片猪肉的定义增加了"包括带皮片猪肉、去皮片猪肉"。

第 **4** 章

宰 前 要 求

一、生猪收购与运输

【标准原文】

4.1 待宰生猪应健康良好，并附有产地动物卫生监督机构出具的《动物检疫合格证明》。

【内容解读】

本条款规定了生猪收购要求。

为有效控制动物疫病，在宰前生猪验收时，要求待宰生猪必须健康；同时要求生猪在收购、装运、验收过程中，必须附有产地动物卫生监督机构出具的动物检疫合格证明。

《中华人民共和国动物防疫法》第42条规定："屠宰、出售或者运输动物以及出售或者运输动物产品前，货主应当按照国务院兽医主管部门的规定向当地动物卫生监督机构申报检疫。"因此，当生猪出场离开饲养地和屠宰时，应实施检疫。第43条规定："屠宰、经营、运输以及参加展览、演出和比赛的动物，应当附有检疫证明、检疫标志。"因此，屠宰厂屠宰的生猪应当附有产地的检疫证明。屠宰未经产地检疫的生猪属于违法行为，可按《中华人民共和国动物防疫法》相应规定予以处罚。

根据《生猪产地检疫规程》要求，为促进畜牧产业健康可持续发展，防止生猪疫病传播，保证猪肉产品安全，保障人民身体健康，生猪产地检疫的主要检疫对象包括口蹄疫、猪瘟、非洲猪瘟、高致病性猪蓝耳病、炭疽、猪丹毒、猪肺疫。生猪出栏前，必须经产地动物卫生监督机构官方兽医检疫，检疫合格的由产地动物卫生监督机构出具动物检疫合格证明。生猪启运前，动物卫生监督机构须监督畜主或承运人对运载工具进行有效消毒。

根据《生猪屠宰管理条例》第10条规定，生猪定点屠宰厂应当建立生猪进厂检查登记制度。进厂屠宰的生猪，应当持有生猪产地动物卫生监督机构出具的动物检疫合格证明。

根据《生猪屠宰检疫规程》规定，生猪入厂（点）时，查验入厂（点）生猪的动物检疫合格证明和佩戴的畜禽标识，询问生猪运输途中有关情况。检查生猪群体的精神状况、外貌、呼吸状态及排泄物状态等情况。经查验动物检疫合格证明有效、证物相符、生猪标识符合要求、临床检查健康，方可入厂，并回收动物检疫合格证明。厂（点）方须按产地分类将生猪送入待宰圈，不同货主、不同批次的生猪不得混群。在生猪卸载后，应监督货主对运输工具及相关物品等进行消毒。

生猪运输不仅关系到生猪运输过程中的生命保障与相关动物防疫要求，还关系到生猪屠宰后的猪肉品质，运输过程中的不良操作会加重动物应激反应，即在运输途中的禁食/限饲、环境（混群、密度、温度、湿度）变化、颠簸、心理压力等应激原的综合作用下，生猪机体产生的本能的适应性和防御性反应。该条件下生猪往往表现为呼吸急促、心跳加速、恐惧不安及体内营养消耗等，从而导致其体内水分流失、体重下降、糖原损失、动物肌肉组织中的 ATP 消耗加快，宰后胴体呈现能量匮乏的状态，宰后 1 h 内 $5'$-磷酸腺苷激活的蛋白激酶（AMPK）激活，紧接着糖酵解加快，使肌肉内乳酸蓄积致使肉品品质下降。因此，在生猪运输过程中，承运人员必须按生猪运输规定（如《生猪屠宰检疫规程》、农业农村部 2018 年第 79 号公告等）严格操作，主要应满足运输工具要求、清洗消毒要求、运输过程要求等，以保证生猪运输安全和屠宰品质。

【实际操作】

1. 生猪产地检疫

生猪收购时，由当地动物卫生监督机构官方兽医进行检疫。检疫合格后，由当地动物卫生监督机构出具动物检疫合格证明。在取得相应的动物检疫合格证明后，方可省内或跨省调运。对于跨省生猪调运，需要符合农业农村部生猪调出省、生猪调进省的相关规定与要求。跨省调运的需附有动物检疫合格证明（动物 A）［图 4 - 1（a）］，省内调运的需附有动物检疫合格证明（动物 B）［图 4 - 1（b）］。动物检疫合格证明必须按要求填写清晰、内容完整，由产地动物卫生监督机构官方兽医人员签字并加盖当地动物卫生监督机构检疫专用章。动物检疫合格证明一式两联，一联（或电子版联）由当地动物卫生监督机构留存，一联（纸质联）交承运人员随货同行。对于跨省的生猪调运，还需要在途经省境动物卫生监督检查站时，

出示动物检疫合格证明（动物 A）并接受检查，由检查站签章放行。

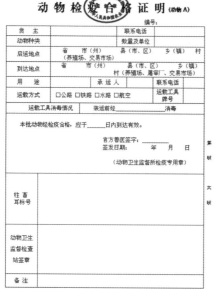

图 4-1　动物检疫合格证明式样

2. 生猪运输

（1）运输工具　应选择在当地县级畜牧兽医主管部门取得登记备案的运输车辆，可以为单层或多层的卡车。大型车辆每层应设有隔挡，以防止生猪拥挤、踩踏。车辆上应安装挡风、遮阳或避雨的设施，具有防止动物粪便和垫料等渗漏、遗撒的设施，配有简易清洗、消毒设备，便于清洗、消毒，也可配备饮水设施。

（2）生猪装载　生猪养殖场或中转站宜设置专用的对接廊台和升降装置，与车辆形成无缝对接，方便生猪自行进入车辆。对接廊台应有一定坡度，但其坡度不大于 20%。运输时需要根据路程、路况、气温等因素，适当调整生猪运输密度。

（3）清洗消毒　承运人应当在生猪装载后、启运前进行清洗消毒，以防止车辆扩散传播病原体；在进入屠宰厂生猪卸载后，应对运输工具及相关物品等进行消毒。运输车辆未按规定进行清洗、消毒的，应禁止承运。

（4）生猪运输　运输生猪时，应提前规划运输方案，选择合适时间，防止生猪过热、过冷、暴晒，选择平稳、顺畅、熟悉的运输路线，途径颠簸、转弯等路段时须慢速驾驶。切忌车辆急刹、急启动，以防止生猪挤压、滑倒。如长时间运输，还应定时观察生猪情况，保障供水，保证运输顺畅。

3. 生猪验收与入厂

（1）生猪验收 生猪运输车辆进入屠宰厂时，进行严格消毒（图 4-2）。车辆进厂后，要进厂登记，并停靠在指定休息区。生猪入厂时，对生猪进行相关验收工作，验收合格的，准许进入待宰栏，并索取动物检疫合格证明；对于验收不符合条件的，按国家有关规定处理。生猪验收的主要内容包括：查验入厂生猪的动物检疫合格证明和佩戴的猪耳标是否与动物检疫合格证明标示的耳标相符；询问生猪运输途中有关情况；临床检查生猪群体的精神状况、外貌、呼吸状态及排泄物状态等情况。

图 4-2 车辆清洗消毒

（2）生猪入厂 为防止卸车对猪只造成强烈应激，需注意卸车方式。需设立固定或移动式卸车平台或坡道（图 4-3）、通道等，坡度应小于20%，坡道应为非光滑表面，以防止猪只摔落、踩踏。不得野蛮驱赶，宜使用木棍拍击塑料板子等方式驱赶，引导生猪向前移动，应尽可能避免使用电击棒。在卸载过程中，操作人员应尽量减少噪声，避免生猪因紧张而产生应激，不得对生猪进行野蛮驱赶。卸载伤残生猪时，不宜拖拽、击打，宜采用小型推车将其运至伤残生猪圈舍。需按产地分类将生猪送入待宰圈，不同货主、不同批次的生猪不得混群；猪卸下后应监督货主对运输工具及相关物品等进行清洗消毒。

（3）生猪检查 根据国家对非洲猪瘟、"瘦肉精"监督检测方案的要

图 4-3　生猪可调式卸车坡道

求，生猪屠宰厂要严格落实生猪待宰、临床巡检、屠宰检验检疫等制度，对待宰栏内生猪进行非洲猪瘟与"瘦肉精"检查（图 4-4）。发现生猪疑似非洲猪瘟或检测出"瘦肉精"阳性的，应当立即暂停同一待宰圈生猪上线屠宰，并按相关规定进行上报处理。

图 4-4　生猪检查检验

二、生猪宰前管理

【标准原文】

4.2　待宰生猪临宰前应停食静养不少于 12 h，宰前 3 h 停止喂水。

【内容解读】

本条款规定了生猪待宰的静养、禁食与禁水要求。

为了保证生猪屠宰品质，本条款规定了生猪宰前禁食、静养、禁水要求，同时由于待宰设施与静养效果相关，故实际生产中需要关注相关设施。

1. 宰前禁食

宰前禁食是指生猪宰前的一定时间内停止饲喂饲料，但需充足供水。宰前禁食切断了生猪外源能量的供应，引起体内能量储备的消耗，降低了生猪肌肉中的糖原含量，提高了宰后肌肉的极限 pH，从而提高了持水性。同时，禁食降低了排泄物及屠宰时破肠造成的胴体微生物与污物污染的风险，还有利于宰后充分放血。研究表明，生猪宰前禁食有利于提高猪肉品质，而屠宰前长时间的禁食和肌肉运动，会使肌肉中糖原耗竭，从而导致几乎不产生乳酸，致使最终 pH 较高，产生 DFD 猪肉。

2. 宰前禁水

宰前禁水是指生猪在宰前的一定时间内停止饮水。猪在宰前大量饮水后水会被吸收进入血液并进入肌肉组织，导致猪肉产品色泽下降、含水量增加，从而影响猪肉品质。此外，宰前大量饮水还会使猪消化道充盈大量水分，致使屠宰过程中消化道内容物容易溢出而污染胴体、操作台等。标准规定宰前 3 h 停止喂水。

3. 宰前静养

从养殖场到屠宰厂这一段时间里，生猪需要经历驱赶、混群、上车、途中颠簸、下车等一系列过程，在此期间猪会产生大量的应激反应。这些应激对于猪的情绪以及新陈代谢都有很大的影响，过分疲劳及受热应激的生猪在屠宰时会造成放血不净，而且宰后猪肉的品质也会受到影响。但静养时间太长，可能会造成肌肉和肝糖原消耗过度，致使猪肉的最终 pH 过高，从而增加 DFD 肉的产生，增加了白条的损耗。如果长时间静养，由于生猪不能及时摄取食物补充能量，大肠蠕动缓慢，粪便在大肠内滞留时间过久，会导致色素沉淀在肠壁浆膜上，造成大肠整体颜色发暗，黑肠数量增加。因此，宰前合理的休息时间和条件对生猪的应激程度有重要影响。标准规定生猪宰前停食静养时间不低于 12 h。

4. 设施条件

出于动物福利和猪肉品质的要求，待宰圈设施需要在不影响肉质的基础上，保证生猪在较短时间内休息、恢复。猪在待宰圈中的静养质量受多种因素的影响，比如禁食、运输、卸载、混群和不同猪的应激敏感性，故需注意静养环境、设施与管理。另外还需要保持待宰圈清洁卫生、光控适宜，防止猪只由于混群、光线强烈、拥挤、环境嘈杂而相互打斗、撕咬等。确保生猪得到充分的休息，这样可缩短静养时间。

【实际操作】

1. 宰前禁食与静养

本标准规定生猪屠宰前的停食静养时间应不低于12 h。生猪在收购后不能及时屠宰而需要暂养的，需给猪只供料，此时的禁食时间应从其最后一次供料算起。对于静养时间，如产地至屠宰厂距离较短且运输过程应激较小（如气温适宜、道路平坦等），以最低静养时间要求执行；但如运输过程应激较大（如气温过热或过冷、拥挤、暴晒等），需根据生猪应激情况、行为情况适当延长静养时间。为提高静养效率，需保证待宰圈环境卫生良好、控制噪声与光线、保持合理的静养密度、配备良好的保温或降温设施等（图4-5）。

图4-5　生猪待宰圈

2. 宰前禁水

本标准规定生猪屠宰前的禁水时间应不低于3 h。根据生猪禁食与静养不低于12 h的规定，生猪在验收进厂后的静养时间内，需要提供饮水。所用饮水需保持清洁卫生，饮水量根据气候调整，在生猪宰前3 h禁止饮水。

3. 设施条件

待宰圈应易于识别，易于进入。圈舍推荐使用一定弧度的不透明围墙，应有饮水系统，通风良好，有保温和降温设施。待宰圈应保持清洁卫生，每圈清空后应及时清洗消毒。待宰静养密度适当，天气炎热时应启动散热设施，适度降低待宰静养密度；天气寒冷时应启用保暖设施，适度增加待宰静养密度。待宰期间可进行间歇性的淋浴，以雾状喷淋为主，颗粒应尽可能细小，总淋浴时间不宜超过 2 h。环境温度较高时，适当延长淋浴时间；环境温度较低时，缩短淋浴时间；当环境温度低于 5 ℃时，禁止使用淋浴系统。贯通式待宰圈（图 4 - 6）是目前比较理想的设计方案，带有电动闸门，可降低生猪驱赶难度，实现生猪快速出入圈，减少应激反应。

图 4 - 6　贯通式待宰圈

三、生猪宰前清洁

【标准原文】

4.3　应对猪体表进行喷淋，洗净猪体表面的粪便、污物等。

【内容解读】

本条款规定了生猪宰前的清洁要求。

为保证生猪屠宰后猪肉品质与安全，减少猪体污物的污染，本条款规定了生猪在宰前必须进行体表喷淋，洗净猪体表面的粪便、污物等。

由于生猪体表存在一定量的粪污、脏物及其他污染物，这些污物除物理性污染外，还存在各种微生物，甚至存留生猪养殖期间、装车后可能使用的各种体表驱虫药、消毒药等化学物。这些物质易污染胴体、血制品等产品。因此，为保证产品的卫生与安全，猪在屠宰前必须进行一定的清洁。生猪屠宰前进行冲淋清洗，不仅能清除猪体表面的污垢，清洁皮肤污染物，还能减少屠宰过程中出现的污染。此外，生猪体表被浸湿后，电麻的效果比较理想，可增强电麻时的导电性能，提高电麻效果。另外，从动物福利角度讲，清洁猪体可起到使猪放松安神、稳定情绪、减轻痛苦的作用；也使得猪只肌肉松弛、放血顺畅彻底，有利于提高猪肉品质。

【实际操作】

淋浴时注意控制水温，避免用冷水或热水来冲洗，应从不同的角度设置喷头，确保猪体表冲洗干净。水压不宜过大，以免引起猪的惊吓和恐慌，从而降低猪肉品质。适宜的水压可起到一定的按摩效果。淋浴时间不宜过长，以达到清洁体表的目的为准，每次冲洗的猪只不宜过度拥挤，淋洗后稍加休息再进行电麻（图4-7、彩图1）。有些屠宰设备在自动电麻前具有冲淋清洗装置。

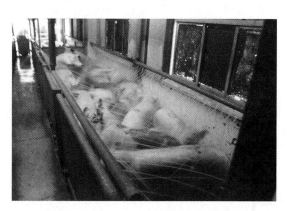

图4-7　宰前冲淋

四、生猪宰前检验检疫

【标准原文】

4.4　屠宰前应向所在地动物卫生监督机构申报检疫，按照《生猪屠宰检疫规程》和 GB/T 17996 等进行检疫和检验，合格后方可屠宰。

【内容解读】

本条款规定了生猪宰前检验和检疫的要求。

为有效防范猪传染病对猪肉产品的影响，本条款规定生猪在屠宰前必须按照《生猪屠宰检疫规程》和 GB/T 17996 等进行检疫和检验，合格后方可屠宰。

根据《中华人民共和国动物防疫法》第 42 条规定，生猪在屠宰前必须按照国务院兽医主管部门的规定向动物卫生监督机构申报检疫，动物卫生监督机构接到检疫申报后，应当及时指派官方兽医对动物、动物产品实施现场检疫；检疫合格的，出具检疫证明、加施检疫标志。

根据《生猪屠宰检疫规程》第 5 条"检疫申报"规定：场（厂、点）方应在屠宰前 6 h 申报检疫，填写检疫申报单。官方兽医接到检疫申报后，根据相关情况决定是否予以受理。受理的，应当及时实施宰前检查；不予受理的，应说明理由。第 6 条"宰前检查"规定：屠宰前 2 h 内，官方兽医应按照《生猪产地检疫规程》中"临床检查"部分实施检查。经检验检疫合格的，方可进行屠宰；如发现有不合格的，则按规程中相关条款要求实施处理。

根据《生猪屠宰管理条例》规定，生猪定点屠宰厂应当按照国家规定的肉品品质检验规程进行检验。肉品品质检验包括宰前检验和宰后检验。检验内容包括健康状况、传染性疾病和寄生虫病以外的疾病等以及国家规定的其他检验项目。

根据《生猪屠宰产品品质检验规程》（GB/T 17996）的规定，生猪在宰前需要进行全面检查，确认健康的，签发宰前检验合格证明，注明货主、头数等信息，屠宰车间凭证屠宰。

【实际操作】

1. 检疫申报

在生猪屠宰前 6 h，屠宰企业向所在地的动物卫生监督机构提交检疫申报单，由当地动物卫生监督机构派出官方兽医或由驻厂官方兽医进行检疫。屠宰前 2 h 内，官方兽医按照《生猪产地检疫规程》中"临床检查"部分实施检查，检疫合格后方可屠宰。

2. 实施检疫

宰前检疫时，官方兽医按照《生猪产地检疫规程》中"临床检查"部分对生猪群体与个体的精神状况、外貌、呼吸状态、运动状态、饮水饮食情况及排泄物状态等实施检查，根据口蹄疫、猪瘟、非洲猪瘟、高致病性猪蓝耳病、猪丹毒、猪肺疫、炭疽等临床症状进行鉴别。对怀疑有以上疫病或其他异常情况的，应当按要求进行实验室检测。

3. 结果处理

经检疫合格的，准予屠宰。如发现有不合格的，按下列情况处置：

（1）发现有口蹄疫、猪瘟、非洲猪瘟、高致病性猪蓝耳病、炭疽等疫病症状的，限制移动，并按照《中华人民共和国动物防疫法》《重大动物疫情应急条例》《农业农村部关于做好动物疫情报告等有关工作的通知》《病死及病害动物无害化处理技术规范》等有关规定处理。

（2）发现有猪丹毒、猪肺疫、猪Ⅱ型链球菌病、猪支原体肺炎、副猪嗜血杆菌病、猪副伤寒等疫病症状的，患病猪按国家有关规定处理，同群猪隔离观察，确认无异常的，准予屠宰；隔离期间出现异常的，按《病死及病害动物无害化处理技术规范》等有关规定处理。

（3）怀疑患有本规程规定疫病及临床检查发现其他异常情况的，按相应疫病防治技术规范进行实验室检测，并出具检测报告。实验室检测须由动物疫病预防控制机构和具有资质的实验室承担。

（4）发现患有本规程规定以外疫病的，隔离观察，确认无异常的，准予屠宰；隔离期间出现异常的，按《病死及病害动物无害化处理技术规范》等有关规定处理。

（5）确认为无碍于肉食安全且濒临死亡的生猪，视情况进行急宰；官方兽医应监督厂（点）方对处理患病生猪的待宰圈、急宰间以及隔离圈等进行消毒。

五、生猪宰前赶送

【标准原文】

4.5 送宰生猪通过屠宰通道时，按顺序赶送，不应野蛮驱赶。

【内容解读】

本条规定了生猪宰前赶送要求。

为减少生猪应激，保证屠宰品质，从动物福利角度出发，本条款要求对宰前生猪实施合理的赶送。

生猪的宰前赶送与猪肉品质有一定的关系，在赶送过程中如采用器具击打、电刺激器等野蛮驱赶方式，容易引起生猪恐慌、堵塞、拥挤、踩踏等，会造成猪只的强烈应激，不仅不符合动物福利要求，严重时还会产生PSE猪肉。使用钝器猛烈击打生猪，会造成击打部位肌肉局部充血而影响猪肉品质。

【实际操作】

驱赶通道应有助于猪自由向前移动，减少拐角，不得有直角转弯。通道保持一定亮度，越接近待宰区，通道光线应越亮。不得出现阴影或强烈明暗对比，禁止光线直接照射生猪眼睛（图 4 - 8）。

图 4 - 8　宰前赶送

为保证猪肉品质，减少生猪在送宰过程中的应激，屠宰厂内的待宰栏到致昏区域之间的距离应尽可能近，路尽量直，设有照明装置。赶猪每组以 15 头以下为宜，用赶猪板驱猪，不得野蛮驱赶。

要保证致昏设备正常工作，防止由于致昏设备发生故障而造成大量猪只在赶送通道内停留，从而造成生猪强烈的宰前应激。

第5章

屠宰操作程序及要求

一、致　昏

【标准原文】

5.1 致昏

5.1.1 致昏方式

应采用电致昏或二氧化碳（CO_2）致昏：

a) 电致昏：采用人工电麻或自动电麻等致昏方式对生猪进行致昏。

b) 二氧化碳（CO_2）致昏：将生猪赶入二氧化碳（CO_2）致昏设备致昏。

【内容解读】

本条款规定了生猪屠宰厂采用电致昏或二氧化碳致昏方式致昏的要求。

致昏是采用器具、设备等物理或二氧化碳等化学方法，使生猪暂时失去知觉，处于昏迷状态，以便于刺杀和放血。致昏有利于提高劳动生产率，降低劳动强度，保证生产人员安全及周围环境的安静。同时，可防止生猪屠宰时受惊吓、痛苦及过度挣扎而导致体内糖原大量消耗，还可减少内血管收缩造成的放血不全引起的肉质下降现象，有利于保证加工肉品的卫生和质量。

生猪屠宰的致昏方式主要有机械致昏、电致昏和气体致昏（如二氧化碳致昏）等。机械致昏主要有刺杀致昏法和锤击致昏法两种。刺杀致昏法是使用刀尖迅速、准确地刺入猪的枕骨与第1颈椎之间，破坏延脑与脊髓的联系，造成生猪昏迷的刺昏法；锤击致昏法是使用重锤猛击猪的前额，使猪昏倒。此两种方法对操作人员体力消耗大，准确性不高，易造成多次刺杀或击打，严重影响动物福利，对猪的应激极大，极易产生异常猪肉，故基本淘汰。目前规模化生猪屠宰企业多采用电致昏或二氧化碳致昏方式，故本标准规定，我国生猪屠宰的致昏方式应采用电致昏或二氧化碳致昏。

1. 电致昏

电致昏，也就是通常所说的"电麻"，是使用一定电流的电极作用于猪体不同部位，引起癫痫的发作和肌肉的痉挛，使其大脑和神经系统立即失去知觉而处于昏迷状态。从动物福利和猪肉品质要求出发，需要保证电击时有足够的电流和时间，以便达到良好致昏效果，保证猪刺杀放血和吊挂时仍处于昏迷状态。电致昏设备有的采用 2 个电极的二点式电麻机。该设备小巧适于人工操作，但由于电麻效果不稳定，易造成电麻不足生猪苏醒或电麻过度生猪死亡现象，且生产效率低，不适用于中大型生猪屠宰企业。在二点式电麻机基础上，发展了 3 个电极的三点托胸式电麻机。3 个电极沿着猪体移动并被固定在头部和心脏部位，以保证电极的最佳位置，位于心脏的第三个电极提供使猪放松的电流，可减少猪的抽动，以便于刺杀和吊挂。该设备电麻效果好、生产效率高，是中大型生猪屠宰企业主要使用的电麻设备。

操作不当的电致昏容易造成生猪肌肉强烈收缩，致使猪体抽搐，导致胴体断骨率增加。同时，肌肉痉挛所产生的强直热，使肌纤维发生收缩，肌浆蛋白变性，肌肉保水性降低，游离水从肌细胞中渗出，从而使肌肉色泽变白、质地松软、切面多汁，导致 PSE 肉发生率增大。

影响电致昏效果的因素有多种，除电麻参数设定（如电压、电流、频率、时间）外，还受到生猪个体差异（如品种、体重、性别、体质等）、设备差异（如三点式电麻机、二点式电麻机等）、设备运行情况（如设备运行工作状态、电麻部位精准性等）等的影响。一般需要根据以上因素综合考虑确定电致昏设备的电压、电流和频率，并针对个体差异使用不同的电麻时间，根据电麻后猪的临床状态进行综合判断。研究表明，采用低压高频电麻方式致昏，猪肉肉质、断骨率等效果较好。

2. 二氧化碳致昏

二氧化碳致昏于 20 世纪 70 年代由丹麦肉类研究所研发而成，并在欧洲国家不断改进提高。

二氧化碳致昏是使用高浓度的二氧化碳对屠宰猪进行麻醉的一种方法。将猪赶入高浓度的二氧化碳麻醉室，猪吸入二氧化碳一定时间后，意识即完全消失，然后通过传送带吊起刺杀。

二氧化碳致昏效果受到多种因素的影响，除受二氧化碳浓度、麻醉时间的影响外，还受到猪个体差异、麻醉设施（如密封性、二氧化碳释放速度等）影响。由于二氧化碳致昏时间长短易受不同猪个体的影响，有些体质弱的猪致昏时间相对较短，而有些猪致昏时间长，导致致昏时间很难统一掌握，致昏失败的比例较大。因此需要在实际操作中不断积累经验，提高致昏效果。

二氧化碳致昏与电致昏相比，对猪产生的应激较小，较好地改善了动物福利。同时，大量研究表明，二氧化碳致昏可大幅降低肌肉乳酸含量，减少猪胴体的骨折率和肌肉淤血点。而且，肌肉纤维结构的完整性更好，嫩度更高，有利于提高猪肉品质，降低 PSE 肉发生率。

【实际操作】

1. 电致昏

（1）三点式电麻设备操作 在进行电致昏操作前，检查电麻设备，保证设备的正常工作；在使用结束后，进行设备清理，保证电极的清洁。另外，为保证人员的安全，电致昏操作人员应穿戴合格的绝缘靴、绝缘手套。出现未被致昏的猪只时，可使用二点手持式电麻机进行二次致昏。三点式自动电麻机见图 5-1。

图 5-1 三点式自动电麻机

根据不同电致昏方式的特点，本标准未规定相应电致昏方式的电压、电流、频率、时间等操作参数，企业可根据《生猪屠宰成套设备技术条件》（GB/T 30958）要求（表 5-1，表 5-2），并根据电致昏设备、设施特点和致昏要求，总结经验提高操作水平，以达到良好的致昏效果。

表 5-1 三点式电麻机工作参数（GB/T 30958）

工作参数	设备能力		
	200 头/h	400 头/h	600 头/h
致昏频率，Hz	50~60	800	800
致昏电压，V	100~380	100~380	100~380
致昏电流，A	≤2	≤5	≤5
致昏时间，s	≤5	≤4	≤3

（续）

工作参数	设备能力		
	200 头/h	400 头/h	600 头/h
单只猪重量，kg	≤100±25	≤100±25	≤100±25
逃逸率，%	≤3	≤1	≤0.5
三折率，%	≤5	≤2	≤2

表 5-2　手持式电麻机工作参数（GB/T 30958）

参数名称	参数值	参数名称	参数值	参数名称	参数值
电压，V	90~100	时间，s	≤5	频率，Hz	50
电流，A	≤1.5	功率，kW	1	电压调整	手动

（2）二点手持式电麻机操作　使用前，操作者必须穿戴绝缘的长筒胶鞋和橡胶手套，以避免触电。同时，检查电源设备和线路是否接好，有无漏电。使用时，应将电麻机的两电极先后浸入 5% 的盐水中浸吸盐水（注意：两电极切不可同时浸入盐水容器中，以免因电源短路而烧毁变压器），以提高导电性能。致昏生猪时，将电麻机电极按在猪头颞颥区（俗称"太阳穴"）额骨与枕骨附近（猪眼睛与耳根交界处）进行电麻。即将一端的电极按在颞颥区，另一电极按在肩胛骨附近，当猪昏倒时即将电麻机移开。

操作时应注意，如果电压或电流过大、通电时间过长，则会使生猪呼吸和心跳停止，刺杀后会导致放血不全，影响肉品质量；如果电压或电流过小，通电时间过短，则不能使生猪呈昏迷状态，影响刺杀放血。因此，必须在实际操作中不断总结经验，调整电致昏设备的电压、电流与通电时间，提高电麻技术。

2. 二氧化碳致昏

目前，采用二氧化碳致昏技术的屠宰企业一般采用二氧化碳致昏机（图 5-2、彩图 2）。由于不同猪只个体对二氧化碳致昏效果差异较大，一般将 6 头~8 头个体大小差异较小的生猪批量赶入致昏机；然后，将圈猪栏沉入二氧化碳池。经一定时间的致昏后，再提升圈猪栏，将致昏后的猪只翻出二氧化碳致昏机，转入刺杀流水线。本标准未给出具体的二氧化碳致昏参数要求，企业应根据 GB/T 30958 要求（表 5-3），并结合所用的二氧化碳致昏设备特点和操作要求，总结经验提高操作水平，以达到良好致昏效果。

图 5-2 二氧化碳致昏机

表 5-3 二氧化碳致昏机工作参数 （GB/T 30958）

工作参数	数值
二氧化碳浓度，V/V 或％	70～80
二氧化碳压力，MPa	0.5
二氧化碳消耗量，kg/头	0.15～0.20
压缩空气压力，MPa	0.4～0.6
致昏时间，s	30～40

【标准原文】

5.1.2 致昏要求

猪致昏后应心脏跳动，呈昏迷状态。不应致死或反复致昏。

【内容解读】

本条款规定了生猪致昏程度的要求。

为保证屠宰产品品质，从动物福利出发，本条款要求猪致昏后应心脏跳动，呈昏迷状态。不应致死或反复致昏。

致昏程度对动物福利、胴体品质有较大的影响。致昏不当，容易造成骨骼肌收缩加快、肌肉疲劳，促进生猪死后糖原酵解加速，乳酸或磷酸大量增加，肌肉 pH 迅速下降，从而出现 PSE 肉，造成劣质猪肉的比例大幅度提高。致昏失败：未能致昏的猪只或致昏不足在吊挂前苏醒的猪只会逃离生产线，易产生伤人现象，严重影响屠宰操作与生产秩序；吊挂后苏醒的猪只，由于挣扎而易对刺杀放血的员工造成人身伤害，也会由于挣扎导致消化道内容物溢出而污染集血池和生产环境。致昏过度：猪的心脏和呼吸即刻停止，引起生猪心脏停搏，体内血液循环不畅，如不能短时间刺杀吊挂放血，易造成放血不完全，生猪体内淤血，严重影响猪肉品质。反复致昏，会加大对猪的伤害，引起严重的应激反应，加重 PSE 肉的产生。

【实际操作】

屠宰厂应根据电致昏和二氧化碳致昏的设备情况（如设备推荐工艺参数范围、致昏设备维护情况等）、猪只个体情况（如个体差异、气候因素影响等），选择合理的操作参数，并选择有经验的操作人员进行致昏操作。不断总结经验，提高致昏效果，以保证猪致昏后心脏跳动，呈昏迷状态，减少致昏过度造成猪只致死或致昏不足造成猪只反复致昏的情况。

二、刺杀放血

【标准原文】

5.2　刺杀放血

5.2.1　致昏后应立即进行刺杀放血。从致昏至刺杀放血，不应超过30 s。

【内容解读】

本条款规定了生猪致昏后至刺杀放血的时间要求。

为保证生猪致昏后在刺杀过程中不致苏醒，并保证放血效果，致昏后应立即进行刺杀，其时间间隔不应超过30 s。

在生猪屠宰中，无论采用电致昏还是二氧化碳致昏，均是对猪只暂时的致昏，若不及时进行刺杀放血，猪只会在一定时间内出现苏醒、挣扎、咬人等情况，增加刺杀放血的操作难度。另外，由于各种影响因素的存在，不同猪只个体致昏效果也有差异，有时可能致昏不足，会在刺杀放血前后苏醒而影响动物福利和猪肉品质；有时则可能致昏过度而造成猪只心脏骤停。随时间的延长，因血液不畅而影响放血效果，最终导致异质肉的产生。因此，一般需要在短时间内尽快完成刺杀放血工序。这样即使致昏不足也会因已完成猪只放血而不致苏醒，也不会因心脏停止而影响放血效果。

【实际操作】

生猪致昏后，立即使用扣脚链进行吊挂，经输送带运送至放血槽位置，由刺杀操作人员刺杀放血。如果致昏生猪较多而吊挂操作跟不上时，也可先进行卧式刺杀放血，然后迅速进行吊挂操作，以保证从致昏至刺杀

放血的时间不超过 30 s。

【标准原文】

5.2.2　将刀尖对准第一肋骨咽喉正中偏右 0.5 cm～1 cm 处向心脏方向刺入，再侧刀下拖切断颈部动脉和静脉，不应刺破心脏或割断食管、气管。刺杀放血刀口长度约 5 cm。沥血时间不少于 5 min。刺杀时不应使猪呛膈、淤血。

【内容解读】

本条款规定了生猪刺杀的方法与要求，以保证刺杀后放血效果，提高屠宰产品品质。

生猪屠宰刺杀放血方法有切颈法、切颈动脉和静脉法、心脏穿刺法等。其中，切颈法虽然放血快，但由于同时切断了气管和食管，易导致胃内容物、血液等污染颈部肌肉或吸入肺部；心脏穿刺法会破坏心脏收缩功能，易导致放血不全、胸腔淤血；切颈动脉和静脉法是相对比较理想的一种放血方法，既能保证放血良好，操作起来也简便、安全，缺点是刀口较小放血速度较慢，如果刀口过大，烫毛时又容易造成污染。目前，生猪屠宰企业一般使用此法刺杀放血。

在刺杀放血过程中，需要防止猪呛膈，否则易造成肺气管内存在淤血而影响产品品质。淤血或放血不全，则会导致猪肉色泽加深而影响屠宰产品品质。

造成放血不全的原因主要有：①宰前未能使生猪得到适当的休息和饮水，特别是在运输过程中，生猪过度疲劳，并缺乏饮水，影响新陈代谢，猪体内水分减少，血液循环缓慢，心力减弱，导致刺杀放血时，血液流出缓慢，体内血液不能完全排出。②宰前未对生猪进行淋浴，或由于电麻时间过长和电压过高，致使生猪衰竭而死亡，宰杀时血液流出受阻而引起放血不全。③宰前漏检的病猪或高温猪，由于机体受病理的影响而脱水，血液浓度增高，致使刺杀放血时血流缓慢，造成放血不全。④电麻致死或者刺伤心脏，使心脏停止跳动，血流不能进行循环，在刺杀后血液只能依靠自身重力流出，流速慢，血量少，部分血液淤积在肌肉和组织器官中，造成放血不全。⑤刺杀时进刀部位不准，未能切断颈部动脉和静脉，或刀口过小导致血流量小，引起放血不全。⑥刺杀后马上进行浸烫刮毛或剥皮，未达到足够的沥血时间，造成放血不全。

对屠宰过程微生物污染源分析表明，刺杀放血刀微生物污染较严重，如不对刺杀刀具进行消毒，会造成有害微生物的交叉污染，从而影响屠宰产品品质。根据巴氏消毒法原理，使用较低温度的热水（一般为60℃～90℃），根据热水温度选择相应的作用时间对器具进行消毒处理，可以达到杀死微生物的目的。由于刀具消毒时间较短，故一般使用不低于82℃的热水进行消毒。但温度也不宜过高，否则会使刀具粘连的血液、黏液等蛋白变性而出现粘连现象，导致刀具污物难以清除。

【实际操作】

1. 一次吊挂

为使放血充分，防止呛膈、淤血，屠宰流水线作业时使用扣脚链套住生猪后单腿（扣脚链应挂过趾关节，防止后段工序中脱落，图5-3）进行一次吊挂。在进行扣脚链套脚时，必须扎紧链钩，防止猪体坠落或砸伤操作人员。一个吊钩只挂一头猪，不能多挂。必要时，可临时停机或倒转，待猪挂起后再启动。

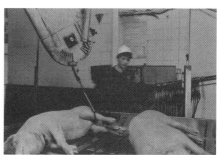

(a)猪扣脚链　　　　　　　　　　　　　(b)操作

图5-3　猪扣脚链与操作

2. 刺杀

猪吊挂完成后，根据猪颈部血管解剖结构［图5-4（a）］定位进行刺杀放血［图5-4（b）、彩图3］，即猪在轨道上倒挂时进行刺杀放血，必要时也可在吊挂前进行卧式刺杀［图5-4（c）］。操作者一手抓住猪前脚，另一手握刀，刀尖向上，刀锋向前，对准第一肋骨咽喉正中偏右0.5 cm～1 cm处，向心脏方向刺入。出刀时，再侧刀下拖切断颈部动脉和静脉，不得刺破心脏，不得割断气管、食道，以免血液流进肺部和胸腔，造成呛膈和胸腔积血。刺杀放血刀口长约5 cm。此种放血方法放血快、流血净，从进刀到出刀时间为1 s～1.5 s。

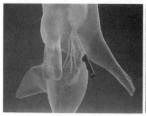

(a)猪颈部血管透视图　　　　(b)吊挂刺杀　　　　(c)卧式刺杀

图5-4　猪颈部血管透视图、吊挂刺杀与卧式刺杀

注意：在刺杀放血时，每刺杀一头生猪后，需要将放血刀放入不低于82℃的热水中进行消毒，并在刀具消毒池中另取一把已经消毒的放血刀进行刺杀。应做到轮换使用，防止刀具交叉污染。

3.放血

放血轨道和集血槽应有足够的长度，以满足生猪刺杀放血后沥血时间不少于5 min，保证放血效果良好。在沥血后段，可去除猪的耳标。

【标准原文】

5.2.3　猪屠体应用温水喷淋或用清洗设备清洗，洗净血污、粪污及其他污物。可采用剥皮（5.3）或者烫毛、脱毛（5.4）工艺进行后序加工。

【内容解读】

本条款规定了必须对放血后的猪屠体进行清洗，以清除污物。

猪在屠宰前虽然经过冲淋清洗，但在致昏、刺杀放血过程中，会沾染一定的污物，同时也易被猪只放血过程中溢出的排泄物污染。为了避免在浸烫（特别是浸烫池）或剥皮时对猪屠体造成污染，需要进行一定的人工或机械清洗，以清除粪污、脏物、血污、浮毛与微生物等。另外，在其他后续屠宰工序中，也存在被污物、微生物污染的情况。因此也要按要求对胴体进行一定的清洗，以防止污物与微生物的污染而影响猪肉品质。例如，脱毛之后冲淋，劈半之后温水冲洗等环节。图5-5为自动屠体清洗设备。

研究表明，用符合生活饮用水标准的水源冲洗屠体，冲洗一次细菌总数可减少约20%，经3次冲洗细菌总数可减少约50%。如果加大水压冲洗5 s，细菌总数可减少约70%。但水冲洗也会引起肉表面流失一定的可

图 5 - 5　自动屠体清洗设备

溶性芳香物和血红素。为减少对屠体肌肉造成应激和微生物二次污染，需要使用接近体温的洁净温水进行冲洗。屠体清洗要冲洗干净，但清洗时间不能过长，否则会使猪屠体僵硬，不利于脱毛和脱皮。

【实际操作】

1. 人工冲洗

操作人员手持水管，使用具有一定水温的清洁水（水温宜在 25 ℃左右），将猪屠体的臀部、背部、夹裆、腹、颈圈等部位冲洗干净。

2. 机械冲洗

经刺杀放血后，猪屠体由轨道输送进入屠体预清洗机进行清洗。清洗应使用清洁水（水温宜在 25 ℃左右）。屠体预清洗机的冲洗水压、喷头数量、喷淋方向应根据实际冲洗效果进行设置，以保证洗净猪屠体上的血污、粪污及其他污物。

3. 冲洗时间

在冲洗达到预期清洁要求的前提下，应尽量缩短清洗时间，否则易使猪屠体僵硬，不利于后续的脱毛与脱皮。

猪屠体经清洗后，根据不同的屠宰工艺要求，进入不同的后序加工。例如，进行剥皮或者烫毛、脱毛工艺。

【标准原文】

5.2.4　从放血到摘取内脏，不应超过 30 min。从放血到预冷前不应超过 45 min。

【内容解读】

本条款规定了从放血到取内脏、预冷的时间要求。

猪屠体经过冲洗清除了部分微生物，但猪屠体表面仍存在一定量的微生物，特别是猪肠道内存在大量的微生物，会大量滋生繁殖。随着屠宰操作时间的增加，对猪内脏与猪肉具有较大的影响。微生物或微生物产物会侵入内脏组织和肌肉组织，造成产品品质下降，严重时会造成产品腐败变质。因此，为减少微生物对屠宰产品的影响，需要在内脏、体表微生物大量滋生前进行处理。即在规定的时间内及时摘除内脏，并对冷鲜肉和冷冻肉的胴体进行降温处理。

【实际操作】

定期检查屠宰流水线设施设备，保证设备正常运行。根据屠宰量与屠宰线速度合理分配相应岗位操作人员数量，保证整个屠宰过程顺畅，防止出现机械故障引起停机而中断屠宰进程。

合理设置屠宰流水线速度，从放血到摘取内脏的时间不应超过30 min。从放血到预冷前的时间不应超过 45 min。

三、剥　　皮

【标准原文】

5.3　剥皮

5.3.1　剥皮方式

可采用人工剥皮或机械剥皮方式。

【内容解读】

本条款规定了猪屠体的剥皮方式。

因皮革业需要、无皮肉消费习惯或某些肉品深加工要求，需要对猪屠体进行剥皮操作。因此，需根据工艺需要进行剥皮。

【实际操作】

猪屠体经清洗后需要进行剥皮的，在去头、蹄、尾后，放下吊挂，取下扣脚链，进行剥皮操作。本标准对人工剥皮和机械剥皮两种方式加以规范，旨在保证皮张和去皮胴体的质量。

【标准原文】

5.3.2　人工剥皮

将猪屠体放在操作台（线）上，按顺序挑腹皮、预剥前腿皮、预剥后腿皮、预剥臀皮、剥整皮。剥皮时不宜划破皮面，少带肥膘。操作程序如下：

a)　挑腹皮：从颈部起刀刃向上沿腹部正中线挑开皮层至肛门处；

b)　预剥前腿皮：挑开前腿腿裆皮，剥至脖头骨；

c)　预剥后腿皮：挑开后腿腿裆皮，剥至肛门两侧；

d)　预剥臀皮：先从后臀部皮层尖端处割开一小块皮，用手拉紧，顺序下刀，再将两侧臀部皮和尾根皮剥下；

e)　剥整皮：左右两侧分别剥。剥右侧时一手拉紧、拉平后裆肚皮，按顺序剥下后腿皮、腹皮和前腿皮；剥左侧时，一手拉紧脖头皮，按顺序剥下脖头皮、前腿皮、腹皮和后腿皮；用刀将脊背皮和脊膘分离，扯出整皮。

【内容解读】

本条款规定了人工剥皮操作流程与要点。

人工剥皮操作时，为防止皮张刀伤、带脂肪过多和出现"鱼鳞"刀痕等，必须将皮拉紧，使皮张绷紧平整，不能有松软或打皱。刀身须前后平贴猪皮进刀，否则，易划破皮或皮上带的脂肪过多。挑腹皮时，不要挑得太深，不得挑破腹壁及内脏，以防止污染。按本标准人工剥皮顺序与要求进行操作，直至剥下完整猪皮。

同时，为满足相应的检验检疫要求，在对猪屠体剥皮前后，需要注意编号，以便于追溯。

【实际操作】

猪屠体经清洗后，去头、蹄、尾，然后卸下吊钩，放入 V 形流水操作台，也可卸下吊钩放入操作台后再进行去头、蹄、尾与雕圈。由操作人员按一定程序进行剥皮，操作人员站于操作台两侧，分别负责相应的剥皮工作（图 5－6）。

1. 挑腹皮

从颈部起刀刃向上沿腹部正中线挑开皮层至肛门处。挑腹皮时，注意下刀平衡，不要挑得太深，不得挑破腹壁与内脏，保证皮张边缘平整。

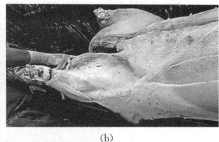

(a)　　　　　　　　　　　　　　(b)

(c)

图 5-6　人工剥皮操作

2. 预剥前腿皮

挑开前腿腿裆皮，剥至脖头骨处。

3. 预剥后腿皮

挑开后腿腿裆皮，剥至肛门两侧。

4. 预剥臀皮

先从后臀部皮层尖端处割开一小块皮，用手拉紧，顺序下刀，再将两侧臀部皮和尾根皮剥下。

5. 剥整皮

左右两侧分别剥。剥右侧时，一手拉紧、拉平后裆肚皮，按顺序剥下后腿皮、腹皮和前腿皮；剥左侧时，一手拉紧脖头皮，按顺序剥下脖头皮、前腿皮、腹皮和后腿皮；用刀将脊背皮和脊膘分离，扯出整皮。

【标准原文】

5.3.3　机械剥皮

剥皮操作程序如下：

a)　按剥皮机性能，预剥一面或两面，确定预剥面积；

b)　按 5.3.2 中 a)、b)、c)、d) 的要求挑腹皮、预剥前腿皮、预剥后腿皮、预剥臀皮；

c)　预剥腹皮后，将预剥开的大面猪皮拉平、绷紧，放入剥皮设备卡口夹紧，启动剥皮设备；

d)　水冲淋与剥皮同步进行，按皮层厚度掌握进刀深度，不宜划破皮面，少带肥膘。

【内容解读】

本条款规定了机械剥皮的操作流程与要点。

目前，我国生猪屠宰机械剥皮主要以使用卧式滚筒剥皮机剥皮为主。由于机械设备限制，猪屠体上有些部位的皮和上机时需夹住皮的部位，需先由人工预剥。预剥时前段必须剥通颈下部皮，后段必须剥通尾根部；否则，在使用机械剥皮时，容易使皮破裂，并使破皮残留在猪屠体上。目前使用的剥皮机主要有卧式滚筒剥皮机、立式滚筒剥皮机和坡式剥皮机。

【实际操作】

1. 人工预剥

一般是在剥皮传送带上进行。猪屠体从轨道转到传送带上后，使其腹部朝上，操作人员在传送带两侧进行人工预剥皮。其操作流程如下：

(1) 挑腹皮　从颈部起刀刃向上沿腹部正中线挑开皮层至肛门处。

(2) 预剥前腿皮　挑开前腿腿裆皮，剥至脖头骨。

(3) 预剥后腿皮　挑开后腿腿裆皮，剥至肛门两侧。

(4) 预剥臀皮　先从后臀部皮层尖端处割开一小块皮，用手拉紧，顺序下刀，再将两侧臀部皮和尾根皮剥下。

人工预剥后，前段必须剥通颈下部皮，后段必须剥通尾根部皮，并使臀部、肩部和颈部剥离而形成一直线，便于剥皮机夹皮和进刀。

2. 机械剥皮

两位操作人员分立于剥皮机夹皮台两端，其中一人开启预剥皮传送带开关，将预剥好的猪屠体通过传送带送至夹皮台前，在限位开关的作用下，传送带自动停止运转，猪屠体自动翻落在夹皮台上。操作人员分别扯住预剥好夹皮一侧的前后两端，并将皮拉紧、拉平。当剥皮机上的自动夹具到达夹皮台的下端时，操作人员将其平直放入夹具内夹紧 [图 5-7 (a)]，启动

剥皮设备进行剥皮 ［图 5 - 7 （b）］，直至剥下完整猪皮 ［图 5 - 7 （c）］。

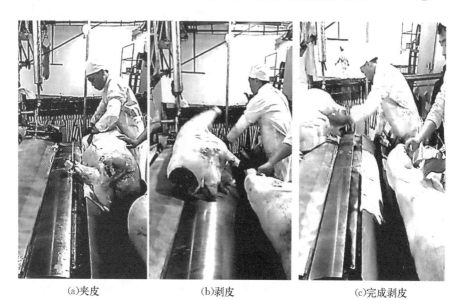

  (a)夹皮   (b)剥皮   (c)完成剥皮

图 5 - 7   卧式滚筒剥皮机

3. 操作注意事项

（1）夹皮的一侧不可过多地放入夹具内，以避免夹具运转进刀过深而使猪皮带脂肪。另外，多夹的部分皮易被垫在刀下的那层皮下面，形成隆起的重叠，以致被切破，影响皮张质量。

（2）预剥夹皮侧的两端必须以同样幅度平直进入夹具，猪屠体与刀口平行，以使猪屠体在剥皮机进行剥皮时前后两端受力均匀，剥的皮张平整光洁，否则皮张易打皱产生破损。

（3）如果预剥夹皮一侧刀口未拉平，可将进刀较多的部分皮推下一些，以使皮夹齐，否则易造成皮张破损。

（4）为保证剥皮时的清洁，减少交叉污染，剥皮的同时需要用洁净温水冲淋。

四、烫毛、脱毛

【标准原文】

5.4   烫毛、脱毛

5.4.1   采用蒸汽烫毛隧道或浸烫池方式烫毛。应按猪屠体的大小、品种和季节差异，调整烫毛温度、时间。烫毛操作如下：

    a) 蒸汽烫毛隧道：调整隧道内温度至 59 ℃～62 ℃，烫毛时间为 6 min～8 min；

    b) 浸烫池：调整水温至 58 ℃～63 ℃，烫毛时间为 3 min～6 min，应设有溢水口和补充净水的装置。浸烫池水根据卫生情况每天更换 1 次～2 次。浸烫过程中不应使猪屠体沉底、烫生、烫老。

【内容解读】

本条款规定了猪屠体的烫毛方法与要求。

浸烫脱毛是带皮猪肉屠宰加工中的重要环节。烫毛是指对猪体的热水处理或蒸汽处理，目的是使得猪鬃从毛囊中脱去。烫毛是一个加热升温的过程，该过程一定程度上导致生猪体温上升，从而容易导致 PSE 肉的形成。因此，这一工序操作得好坏直接影响猪肉品质。烫毛的温度和时间对脱毛及肉品质量影响较大。烫毛温度高、时间长容易出现烫老、烫熟的现象，脱毛时易造成体表破损；烫毛温度低、时间短则容易出现烫生的情况，造成脱毛不净。应根据不同屠体大小、品种、年龄、气温（季节）、烫毛设备，确定合适的烫毛温度与时间，使猪表皮、真皮、毛囊和毛根的温度升高，毛囊和毛根处蛋白质变性而收缩，促使毛囊和毛根分离。

目前，常用烫毛方式有隧道蒸汽烫毛法和浸烫池烫毛法两种。两种方法比较，隧道蒸汽烫毛具有屠宰卫生、无毒害烫毛介质（没有除泡剂等添加剂）、屠宰传送带中断可停止烫毛（蒸汽提供可在任何时间被停止）、易清洗等优点。

由于猪鬃毛具有较高的利用价值与经济价值，部分屠宰企业在猪屠体浸烫前进行拔鬃。

【实际操作】

1. 隧道蒸汽烫毛法

隧道蒸汽烫毛法（图 5-8）能有效降低猪体表面的微生物数量，减少交叉污染，操作灵活，可随时停止，易清洗，提升了屠宰卫生水平。

目前，结合我国蒸汽隧道设备的生产情况与使用效果，一般调整隧道内温度至 59 ℃～62 ℃，烫毛时间为 6 min～8 min。

2. 浸烫池烫毛法

目前，生猪屠宰流水线常用运河式浸烫池（图 5-9、彩图 4）进行烫

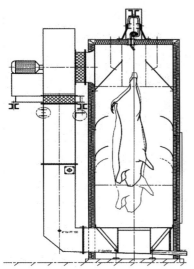

图 5-8 隧道蒸汽烫毛

毛。运河式浸烫池是一种安放在水池里的水下传送装置，主段装有顶盖等保温措施，以防止热量散失。烫毛时间由流水线速度与运河式浸烫池长度决定。

早期，有的屠宰厂采用短池或小池浸烫（图 5-10）。由人工将猪屠体上下翻动，使之全身烫匀。浸烫过程完全由人工控制，如控制不当，极易造成浸烫不足或过度，影响后段脱毛效果。且此类浸烫池多为敞开式浸烫池，难以达到环保要求，故短池或小池浸烫已经被淘汰。

图 5-9 运河式浸烫　　　　　图 5-10 小池浸烫

由于猪屠体浸入烫池热水中，且热水达不到有效杀灭微生物的温度，故易造成屠体之间的交叉污染。

为了提高浸烫效率并保证浸烫质量，浸烫池需设有温度计。操作人员需要随时注意浸烫池水温，通过加蒸汽或凉水调整水温至 58 ℃～63 ℃。根据浸烫池长度与传送速度，烫毛时间控制在 3 min～6 min。一般情况下，运河式浸烫池长度固定，故一般可根据季节、猪种、个体大小等，选择不同的温度与传送速度。对于换毛季节、大猪、皮厚的猪可适当提高浸烫池水温，并选择较低的传送速度，以适当延长浸烫时间，反之则需缩短浸烫时间。如果运河式浸烫机发生故障，可暂时不放入猪屠体，关掉蒸汽或者放入冷水，防止已入浸烫池的猪屠体被"烫老""烫熟"。

在猪屠体进入脱毛前，操作人员可用手在鬃毛部或前腿部试捋一下猪毛。如果捋毛即脱，表明浸烫适度；如果出现脱皮现象，则表明"烫老""烫熟"，需要降低水温或提高传送速度。对于已经浸烫过度的猪屠体，不能送入脱毛机脱毛，而应采用人工轻刮的方式进行脱毛。另外，运河式浸烫池应设有溢水口和补充净水的装置，浸烫池水根据卫生情况每天更换 1次～2 次。

【标准原文】

5.4.2 采用脱毛设备进行脱毛。脱毛后猪屠体宜无浮毛、无机械损伤和无脱皮现象。

【内容解读】

本条款规定了猪屠体的脱毛要求。

为保证脱毛效果，猪屠体经烫毛后应立即使用脱毛设备进行脱毛，并保证脱毛后猪屠体无浮毛、无机械损伤和脱皮现象。

脱毛是指猪体经热处理后，应用人工或机械（图 5-11、彩图 5）从毛囊中脱去猪鬃的过程。猪屠体经烫毛处理后，应立即（或放下吊挂）进

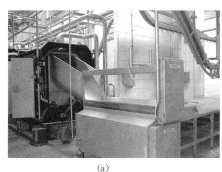
(a)

(b)

图 5-11 脱毛机

行脱毛；否则由于温度下降，猪毛根部与猪皮的黏结力又得到恢复，难以将猪体上的粗毛脱掉。

【实际操作】

可采用二轴脱毛机、三轴脱毛机、螺旋式脱毛机、拉式脱毛机等机械对猪屠体进行脱毛。脱毛前应先开启设备上的冷、热水管，水温控制在30℃左右。脱毛时，使用温水喷淋屠体，以清除屠体浮毛，提高脱毛效率。脱毛过程中需要观察脱毛后的屠体情况，不应有机械损伤或脱皮现象。

五、吊挂提升

【标准原文】

5.5　吊挂提升

5.5.1　抬起猪的两后腿，在猪后腿跗关节上方穿孔，不应割断胫、跗关节韧带，刀口长度宜5 cm～6 cm。

5.5.2　挂上后腿，将猪屠体提升输送至胴体加工线轨道。

【内容解读】

本条款规定了猪屠体的吊挂提升要求。

猪屠体经脱毛后，为方便屠宰流水线操作，需要将猪屠体二次吊挂进屠宰线。为保证吊挂牢固度，在后续加工中不至于掉落而影响操作。同时，为不影响胴体外观质量，需要对猪屠体两后腿穿孔（图5-12）。刀具穿孔时，应保护胫、跗关节韧带，以便于挂钩吊挂后将猪屠体送入胴体加工生产轨道。

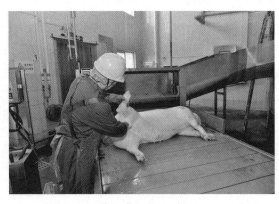

图5-12　穿孔

【实际操作】

操作人员一手抓住并抬起猪的两后腿，一手握刀，在胫骨、腓骨与跗骨构成的凹陷处，进刀戳进 5 cm 左右，然后用同样的方式，戳割另一后腿（图 5-12）。注意不应割断胫、跗关节韧带，刀口长度宜 5 cm～6 cm，刀口处不露肌肉。然后，分别将扁担钩的两端挂钩处从两后腿戳刀处穿过，把猪屠体的两条后腿撑开，挂入提升机，将猪屠体提升输送至胴体加工线轨道（图 5-13、彩图 6）。

图 5-13 吊挂提升

六、预 干 燥

【标准原文】

5.6 预干燥

采用预干燥设备或人工刷掉猪体上残留的猪毛和水分。

【内容解读】

本条款规定了猪屠体的预干燥要求。

预干燥主要是去除猪屠体上脱毛后残留的猪毛与体表水分，起到干燥的作用。同时，可促使紧贴体表的残毛松散，提高后续自动或手动燎毛的效果。另外，还可延缓肉尸僵硬时间，利于后续工序加工。

【实际操作】

1. 机械预干燥

猪屠体经脱毛、二次吊挂后，随输送轨道进入预干燥设备（图 5-14、

彩图 7)。通过对脱毛后的猪屠体进行自动拍打，去除猪屠体表面的浮毛与水分，使残毛松散。

图 5-14　预干燥

2. 人工预干燥

通过人工操作的方式，拍打猪屠体，并刷去残留的猪毛与水分。

七、燎　　毛

【标准原文】

5.7　燎毛

采用喷灯或燎毛设备燎毛，去除猪体表面残留猪毛。

【内容解读】

本条款规定了猪屠体的燎毛要求。

猪屠体脱毛后，不可避免会残留部分猪毛，有时还会残留很多猪毛。如果不进行修刮或燎毛，白条肉无法满足市场销售要求。因此，应根据猪屠体表面残毛情况，确定合适的火焰温度与燎毛时间（例如，设定火焰温度约 1 000 ℃，燎毛 7 s），对猪屠体周身均匀燎毛。燎毛时间太长或温度过高，会使猪肉变黄，对猪皮质量产生不利影响；而时间太短或温度太低，则难以达到去毛效果。

【实际操作】

猪屠体经预干燥后，直接由导轨送入燎毛机（图 5-15、彩图 8）。其中，燎毛机的火焰温度与燎毛时间应根据燎毛效果调整。对于燎毛后仍未去除干净的猪毛，可采用人工喷灯（枪）燎毛（图 5-16）或人工修刮。

使用火焰燎毛，应注意安全，避免发生火灾、人员烧伤等事故。

图 5-15　机械燎毛　　　　　　图 5-16　人工喷枪燎毛

采用喷灯（枪）进行人工燎毛，应注意在保证去除干净猪屠体猪毛的前提下，避免灼焦猪屠体。

八、清洗抛光

【标准原文】

5.8　清洗抛光

采用人工或抛光设备去除猪体体表残毛和毛灰并清洗。

【内容解读】

本条款规定了猪屠体的清洗抛光要求。

猪屠体经燎毛后，体表会存有焦毛或残毛，故需要采用人工或抛光设备（图 5-17、彩图 9）对猪屠体进行抛光并清洗处理，以减少屠体体表

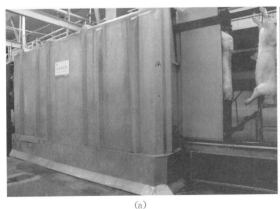

(a)　　　　　　　　　　　　　　　　(b)

图 5-17　抛光机

污垢，避免对后续胴体加工造成污染。在清除残毛时，防止抛光过程损伤猪屠体的表皮，保持胴体表皮的完整性，以保证胴体质量。

【实际操作】

经燎毛后的猪屠体，送入抛光设备，由抛光机对屠体进行清洁抛光，去除屠体体表的残毛与毛灰。清洁完成后，使用符合饮用水标准的温水进行冲洗。

采用人工的方式，用刀具对猪屠体进行刮毛清洁，并用温水清洗。

九、去尾、头、蹄

【标准原文】

5.9　去尾、头、蹄

5.9.1　工序要求

此工序也可以在 5.3 前或 5.11 后进行。

【内容解读】

本条款规定了去尾、头、蹄的工序要求。

由于生猪屠宰产品的不同，屠宰加工工序也不同。例如，剥皮前，需要去掉尾、头、蹄以方便剥皮操作，故在进行剥皮工艺前，需要先进行去尾、头、蹄的操作。不需剥皮的猪屠体，可按屠宰顺序在抛光清洁后进行。部分屠宰企业在屠宰工艺的开膛、净腔操作后进行。

【标准原文】

5.9.2　去尾

一手抓猪尾，一手持刀，贴尾根部关节割下，使割后猪体没有骨梢突出皮外，没有明显凹坑。

【内容解读】

本条款规定了猪屠体的去尾操作要求。

去尾时，操作不当，不仅会影响猪尾产品的外观品质，还会影响猪胴体品质。

【实际操作】

操作人员一手抓住猪尾，一手持刀，贴尾根部关节将其割下，确保割后的猪体没有骨梢突出皮外，没有明显凹坑（图 5 - 18、彩图 10）。

图 5 - 18　人工去尾

【标准原文】

5.9.3　去头

5.9.3.1　断骨

使用剪头设备或刀，从枕骨大孔将头骨与颈骨分开。

【内容解读】

本条款规定了猪屠体去头的断骨操作要点。

猪头产品具有良好的经济价值，头部的分割操作影响头部产品与胴体的完整性。枕骨大孔处是猪头与猪体连接处，从此处下刀便于割除猪头。

【实际操作】

根据猪骨骼解剖特点，头部是由头部枕骨与第一颈椎（寰骨）形成枕寰关节，故人工去头时从枕寰关节下刀，刀具准确切入骨关节，方便省力、能确保完整割下头部。如果刀具切入部位不准，则断骨困难。

使用剪头设备（图 5 - 19、彩图 11）断骨时，用剪刀在枕寰关节处将其剪断即可。

【标准原文】

5.9.3.2　分离

分离操作如下：

a)　去三角头：从颈部寰骨处下刀，左右各划割至露出关节（颈寰关
　　节）和咬肌，露出左右咬肌 3 cm～4 cm，然后将颈肉在离下巴痣

73

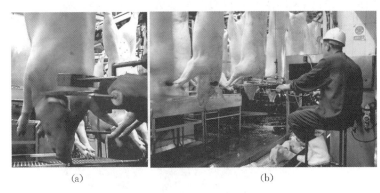

(a)   (b)

图 5 - 19 剪头机操作

    6 cm～7 cm 处割开，将猪头取下；

  b) 去平头：从两耳根后部（距耳根 0.5 cm～1 cm）连线处下刀将皮肉割开，然后用手下压，用刀紧贴枕骨将猪头割下。

【内容解读】

本条款规定了去头时的分离操作要点。

不同的头部产品需要有不同的切割分离方法与要求，屠宰企业可根据产品要求按去三角头或去平头的两种方法进行切割。一般要求分割后的头部附带的梅花肉厚度不超过 0.5 cm，否则，会影响颈背部的梅花肉产量。

【实际操作】

1. 去三角头（图 5 - 20、彩图 12）

从颈部寰骨处下刀，左右各划割至露出关节（颈寰关节）和咬肌，露

(a)   (b)

图 5 - 20 去三角头

出左右咬肌 3 cm～4 cm，然后将颈肉在离下巴痣 6 cm～7 cm 处割开，将猪头取下（图 5 - 21 右）。

图 5 - 21　平头（左）和三角头（右）

2. 去平头（图 5 - 21 左）

从两耳根后部（距耳根 0.5 cm～1 cm）连线处下刀将皮肉割开，然后用手下压，用刀紧贴枕骨将猪头割下。

【标准原文】

5.9.4　去蹄

前蹄从腕关节处下刀，后蹄从跗关节处下刀，割断连带组织，猪蹄断面宜整齐。

【内容解读】

本条款规定了去蹄的操作要点。

为保证去蹄断面的整齐性，提高猪蹄产品价值；同时，为提高去蹄效率，必须根据其解剖特点进行操作。猪前蹄从腕关节处下刀，猪后蹄从跗关节处下刀，猪蹄断面宜保持整齐。

【实际操作】

猪前蹄从腕关节处下刀，猪后蹄从跗关节处下刀，采用机械或人工方式割断连带组织，保证猪蹄断面整齐。不能破坏关节与骨骼，以提高猪蹄外观品质，提高经济价值（图 5 - 22、彩图 13）。

(a)机械去蹄　　　　　　　(b)手工去蹄

图 5 - 22　去蹄

十、雕　　圈

【标准原文】

5.10　雕圈

刀刺入肛门外围，雕成圆圈，掏开大肠头垂直放入骨盆内或用开肛设备对准猪的肛门，随即将探头深入肛门，启动开关，利用环形刀将直肠与猪体分离。肛门周围应少带肉，肠头脱离括约肌，不应割破直肠。

【内容解读】

本条款规定了雕圈的操作要求。

雕圈又称雕肛，是猪屠体加工成猪胴体的重要操作环节，主要目的是将直肠与猪体分离。由于直肠内存在大量肠内容物，并含有大量微生物，如雕圈不当，刺破直肠，会使直肠内容物溢出，形成粪污，致使直肠微生物污染胴体，从而影响胴体品质。雕圈后，肛门周围应少带肉，肠头脱离括约肌，不应割破直肠。

【实际操作】

1. 手动雕圈（图 5 - 23、彩图 14）

由操作人员面对猪屠体背面，刀尖向下，由根部下面落刀，轻轻划开该部皮肉；再以一手的食指伸入肛门，拉紧下刀部位的皮层，沿肛门毛圈外围绕刀，将之雕成圆圈；然后刀尖稍向外，割开肛圈圆周的皮肉，割断尿梗与筋，使直肠头脱离屠体，掏开大肠头垂直放入骨盆内。

长时间工作时，应避免操作失误，刀尖不能戳破直肠，伸入肛门的手

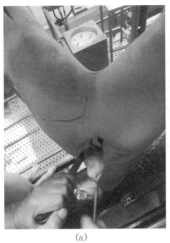
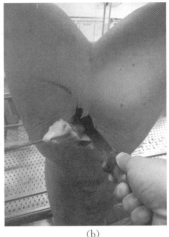

(a) (b)

图 5 - 23 手动雕圈

指指甲不能抠破肠壁；否则，易造成直肠破裂而污染屠体。手动雕圈操作工艺一般在手动开膛工序前。

2. 机械雕肛

先用自动开耻机（图 5 - 24）自上向下切开耻骨部位腹壁腹腔约 20 cm，再用自动雕肛机（图 5 - 25）对准猪的肛门，随即将探头伸入肛门，启动开关，利用环形刀将直肠与猪体分离。自动雕肛机设备自动化程度高，采用光电技术对猪屠体准确识别定位，能保证雕肛质量，实现雕肛加工的标准化，减少大肠头带肉率，避免产品损失。也可用手动雕肛机（图 5 - 26）设备进行操作，将探头插入肛门固定，启动开关雕肛。

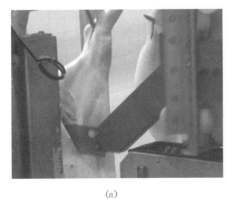
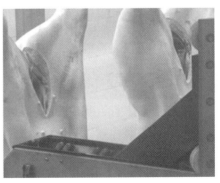

(a) (b)

图 5 - 24 自动开耻机

图 5-25　自动雕肛机

(a)

(b)

图 5-26　手动雕肛机

十一、开膛、净腔

【标准原文】

5.11　开膛、净腔

【内容解读】

由于食管、胃、肠道、胆囊、膀胱内存在大量内容物，特别是消化道中还存在大量微生物，猪经宰杀后，微生物极易繁殖而影响产品品质。为保证屠宰产品质量，一般需要在屠体剥皮后或带皮屠体雕圈后迅速进行开膛、净腔，要求从放血到摘取内脏的时间不超过 30 min。另外，为防止开膛、净腔时损伤破坏消化道、膀胱等而造成胴体污染，需要严格按规程操作，以保证胴体、内脏产品品质。若屠体被胃肠内容物、尿液或胆汁污染，应立即冲洗干净，按规定另行处理。净膛一般先摘取胃、肠、脾，后摘取心、肝、肺，并分开放置，对摘取的内脏应尽快进行整理。

【标准原文】

5.11.1　挑胸、剖腹：自放血口沿胸部正中挑开胸骨，沿腹部正中线自上而下，刀把向内，刀尖向外剖腹，将生殖器拉出并割除，不应刺伤内脏。放血口、挑胸、剖腹口宜连成一线。

【内容解读】

本条款规定了猪屠体的挑胸、剖腹操作要点。

挑胸、剖腹操作过程中，如果刺伤内脏，内脏中内容物会污染胴体而影响屠宰产品品质与安全，故应按本条款规定操作。

【实际操作】

1. 人工操作

(1) 挑胸　操作人员将刀刃向上、刀尖向前，将刀的一半伸入放血刀口，直至颈椎处，刀根部紧贴第一对肋骨，运用腕力，向右偏 1.5 cm，使劲向上撬，撬开胸骨。注意刀尖向下，远离颈椎，撬到最后两对胸骨处。用力不宜过猛，只需将手腕轻轻向上抬，否则易割破胆囊、心和胃〔图 5 - 27 (a)、彩图 15〕。

(2) 割除公猪生殖器　公猪屠体应先将骨盆正中的皮层从上而下划开，拉出生殖器，连同输尿管一起割去〔图 5 - 27 (b)〕。

(a)挑胸　　　　　　(b)割除公猪生殖器

图 5 - 27　挑胸与割除公猪生殖器

(3) 剖腹　刀把向内、刀尖向外沿腹部正中线自上而下剖开腹壁（图

5-28、彩图16）。操作过程中，不应刺伤内脏，使刀口与撬胸骨的刀刃对齐，做到放血刀口、撬胸刀口、剖腹口三口连成一线。如不慎将胆囊捅破，立即用温水将胆汁冲洗干净。

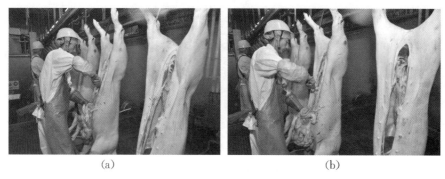

| (a) | (b) |

图 5-28　人工开膛

2. 机械操作

首先由自动开耻机（图 5-24）自上而下切开耻骨部位腹壁腹腔约 20 cm，然后由自动开膛机机头伸入腹腔（图 5-29、彩图 17），钩住腹壁由腹部向胸部剖开腹、胸，最后由雕肛机分离出直肠。自动开膛机定位准确，不易伤及内脏，避免了人工操作易割破内脏污染胴体的问题。

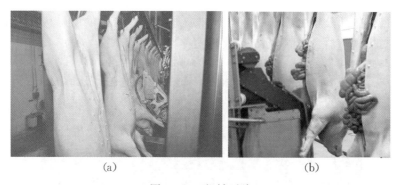

| (a) | (b) |

图 5-29　机械开膛

【标准原文】

5.11.2　拉直肠、割膀胱：一手抓住直肠，另一手持刀，将肠系膜及韧带割断，再将膀胱割除，不应刺破直肠。

【内容解读】

本条款规定了猪屠体拉直肠、割膀胱的操作要求。

拉直肠操作时，如果刺破直肠，会造成直肠内粪便污染胴体，导致胴体安全问题。

【实际操作】

先用刀割开直肠两旁的系膜组织，一手的食指拔出和拉住直肠头，然后另一手下刀割断肠系膜及韧带，将直肠连同系膜组织一起割离肾脏。操作过程不应刺破直肠，睾丸和卵巢从胴体上摘除（图 5 - 30、彩图 18、彩图 19）。割下的膀胱可用于取尿液进行"瘦肉精"检测等。

(a)拉直肠(割韧带)　　　　　　　(b)割膀胱

图 5 - 30　拉直肠（割韧带）与割膀胱

【标准原文】

5.11.3　取肠、胃（肚）：一手抓住肠系膜及胃部大弯头处，另一手持刀在靠近肾脏处将系膜组织和肠、胃共同割离猪体，并割断韧带及食道，不应刺破肠、胃、胆囊。

【内容解读】

本条款规定了取肠、胃（肚）的操作要点。

取肠、胃（肚）时，如果刺破肠、胃会导致肠、胃内容物污染胴体，导致胴体出现安全问题。

【实际操作】

操作人员一手抓住肠系膜及胃部大弯头处，另一手持刀在靠近肾脏处将系膜组织和肠、胃共同割离猪体（肾脏暂留在胴体上），割断韧带及食道（图 5 - 31、彩图 20）。一般要求胃上应保留 2 cm 左右的食道，以防止胃内容物流出。操作中，不应刺破肠、胃、胆囊。

(a)　　　　　　　　　　　　　(b)

图 5 - 31　手工取白脏

【标准原文】

5.11.4　取心、肝、肺：一手抓住肝，另一手持刀，割开两边隔膜，取横膈膜肌角备检。一手顺势将肝下揪，另一只手持刀将连接胸腔和颈部的韧带割断，取出食管、气管、心、肝、肺，不应使其破损。摘除甲状腺。

【内容解读】

本条款规定了取心、肝、肺的操作流程与要求。

由于旋毛虫、住肉孢子虫等寄生虫虫卵或幼虫常寄生于横膈膜肌中，故割取横膈膜肌进行检查至关重要，可用于检查生猪是否感染相应的寄生虫病。另外，由于甲状腺被误食后会对人体产生危害，故需摘除甲状腺。

【实际操作】

操作人员一手抓住肝，另一手持刀，割开两边横膈膜，再将连在肺上的腰肌割断。一手顺势将肝下揿，另一只手持刀将连接胸腔和颈部的韧带割断；然后，割断食管和气管，取出食管、气管、心、肝、肺（图5-32、彩图21）。

注意：不应使心、肝、肺破损，腰肌尽量留在胴体上。

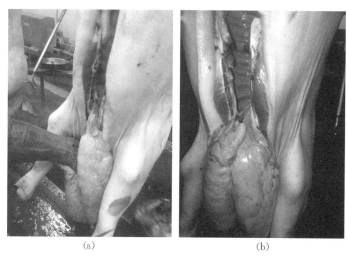

|(a)|(b)|

图5-32　手工取红脏

操作者取膈脚时，一手钩住左右膈脚相连处，一手用刀将膈脚上方的肌腱与腰椎相连处割断，向外拉紧膈脚，向下纵剖肌腹30 g左右（8 cm～10 cm）取出膈脚，编号备检（图5-33、彩图22）。

(a)割取膈脚　　　　　　　　　　(b)备检膈脚

图5-33　割取膈脚与备检膈脚

甲状腺附着于气管上，摘除甲状腺时，认准腺体部位后，用手拉住撕下，避免将甲状腺扯烂或摘除不全（图5-34、彩图23）

图 5-34　摘除甲状腺

【标准原文】

5.11.5　冲洗胸、腹腔：取出内脏后，应及时冲洗胸腔和腹腔，洗净腔内淤血、浮毛和污物等。

【内容解读】

本条款规定了净腔后冲洗猪胴体胸、腹腔要求。

猪屠体摘除内脏后，会带有一定的血污与其他污物。为保证胴体质量安全，需对其进行冲洗清洁。

【实际操作】

取净内脏后，及时用足够压力的清洁温水冲洗胸腔和腹腔（图 5-35），洗净腔内的淤血、浮毛和污物等。

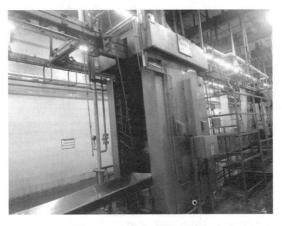

图 5-35　胴体喷淋冲洗机

十二、检验检疫

【标准原文】

5.12 检验检疫

同步检验按 GB/T 17996 的规定执行，同步检疫按照《生猪屠宰检疫规程》的规定执行。

【内容解读】

本条款规定了生猪屠宰过程中同步检验、检疫要求。

根据《生猪屠宰产品品质检验规程》（GB/T 17996）的规定进行同步检验；根据《生猪屠宰检疫规程》的规定，对屠宰中猪的相关组织进行同步检疫。检验检疫中，需要使用同步检验检疫装置或对猪胴体、相关样本进行统一编号，具体检验检疫方法按相关规定进行。

【实际操作】

1. 头部检查

观察头颈部外表、头部颌下淋巴结，检查吻突、齿龈部有无水疱、溃疡、烂斑，其他部位有无异常或病变；检查颌下淋巴结是否肿大、坏死，淋巴结切面是否异常；剖检两侧咬肌中是否有猪囊尾蚴（图 5 - 36、彩图 24、彩图 25）。

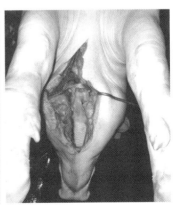

(a)咬肌检查　　　　　　　　　(b)颌下淋巴结检查

图 5 - 36　头部检查

2. 体表检查

观察体表、四肢、关节、皮张（剥皮猪），检查有无异常或病变。有异常或病变的，进行修割或报告处理；检查屠体是否清洁、破损等（图5-37、彩图26）。

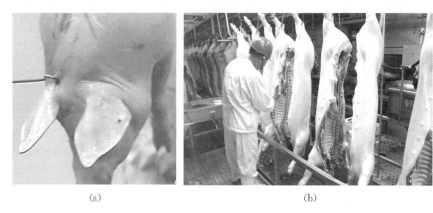

(a)   (b)

图5-37　体表检查

3. 内脏检查

观察胸腔、腹腔有无积液、粘连、纤维素性渗出物，检查肠系膜淋巴结、脾脏、膀胱、生殖器官、心、肺、肝有无异常或病变，检查脾脏、肠系膜淋巴结有无肠炭疽（图5-38、彩图27、彩图28、彩图29）。对不同情况，按要求作出相应处理。当发现可疑肠炭疽、肿瘤等病变时，将相应胴体推入病肉岔道，由专人对照检查、综合判定并处理。

(a)肠系膜检查　　　　　　　(b)肺检查　　　　　　　(c)肝检查

图5-38　内脏检查

4. 胴体检查

观察体表和四肢有无异常，切检两侧浅腹股沟淋巴结、皮下脂肪和肌肉组织、肾脏、胸腹腔是否正常，检查腰肌有无猪囊尾蚴（图 5 - 39、彩图 30、彩图 31）；取膈脚并标记，撕去肌膜后进行感官检查与镜检（图 5 - 40、彩图 32）。根据检查结果，作出综合判定，对可疑病猪做上标记，推入病肉岔道，复验后作出处理。

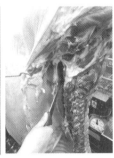

(a)腹股沟浅淋巴结检查1　　　(b)腹股沟浅淋巴结检查2　　　(c)腰肌检查

图 5 - 39　胴体检查

(a)膈脚感官检查　　　　　　　　　　(b)膈脚镜检

图 5 - 40　膈脚感官检查与镜检

5. 专项检查

屠宰企业应按照国家有关规定进行屠宰环节专项检查。

（1）"瘦肉精"专项检查　取猪膀胱尿液进行"瘦肉精"专项检测（图 5 - 41）。如发现样品呈阳性，须进行二次快检。若结果仍为阳性，则按相关要求上报并处置。同时，取样使用液质联用质谱仪进行确证检测，检测结果按相关要求进行处理。

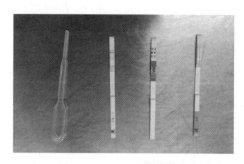

图 5-41   胶体金快检试纸条

（2）非洲猪瘟专项检测   根据农业农村部第 119 号公告与《农业农村部关于加强屠宰环节非洲猪瘟检测工作的通知》（农牧发〔2019〕7 号）要求，屠宰企业必须按要求对屠宰猪检测非洲猪瘟（图 5-42），如检测发现屠宰猪携带非洲猪瘟病毒，需按照相关规定进行处理。

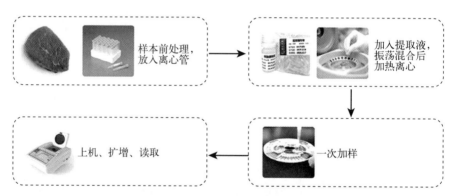

图 5-42   非洲猪瘟病毒微流控芯片快速检测流程

6. 复检

胴体劈半后，复验人员结合胴体初验结果进行全面复查。检查有无内外伤、骨折、淤血、胆汁污染、化脓灶和钙化灶等，检查骨髓、膈肌等有无异常，检查三腺是否漏摘。官方兽医对检疫情况进行复查，综合判定检疫结果。

7. 盖章

经过全面复验，确认健康无病，卫生、质量及感官性状符合要求的，由官方兽医出具动物检疫合格证明，使用符合安全要求的印色，加盖检疫验讫印章（图 5-43 右），对分割包装的肉品加施检疫标志。屠宰企业加盖本厂的检验合格印章（图 5 - 43 左）。对检出的病肉，按照相关规定分别盖上相应的检验处理印章。

图 5 - 43 检验检疫合格章示例
（左侧为检验圆章，右侧为检疫滚轮章）

不合格肉品的处理：对检疫不合格的，由官方兽医出具动物检疫处理通知单，并按相应规定处理。对放血不全、白肌病、白肌肉（PSE 肉）、黄脂肉、黄脂病、黄疸、骨血素病（卟啉症）、种猪和晚阉猪、特殊疾病、局部病变等不同情况的，需要按相关要求进行处理，并按要求记录检验结果。

十三、劈半（锯半）

【标准原文】

5.13 劈半（锯半）

劈半时应沿着脊柱正中线将胴体劈成两半，劈半后的片猪肉宜去板油、去肾脏，冲洗血污、浮毛等。

【内容解读】

本条款规定了猪胴体劈半的操作要点及后续去板油、去肾脏以及冲洗的要求。

胴体劈半后，不仅便于检验，也有利于猪肉的冷冻、加工和冷藏堆垛。劈半，即沿脊柱中间位置将摘除内脏后的猪胴体劈成两半，以劈开脊椎管暴露出脊髓为宜。如劈半工具不良或准确性不高，会破坏里、外脊的完整性，加大猪肉汁液损失。

劈半设备主要有桥式劈半锯、往复式劈半锯、带式劈半锯、圆盘式劈半锯等。劈半时，猪胴体吊挂在轨道上进行。

1. 桥式劈半锯

桥式劈半锯曾是我国中小型屠宰厂普遍使用的劈半工具，但目前多已被淘汰（图 5 - 44）。劈半时，猪胴体通过屠宰线沿轨道进入导入槽，胴体处于仰卧状态且脊背紧靠槽底部，通过桥面中心线高速转动的锯片将脊骨分开。该劈半锯劈半效率较高，可以满足规模化屠宰厂使用，但其占地面积较大，结构复杂，不易清洗消毒，肉品容易发生交叉污染，较难达到安全卫生标准。另外，锯片较厚，一般厚度在 2 mm 以上，劈半过程产生的锯末油等碎料较多，骨肉损耗较大，且由于锯片发热易造成龙骨碳化，出现龙骨发黑的现象。桥式劈半锯属于国家发展和改革委员会发布的《产业结构调整指导目录（2019 年本）》中规定的淘汰类设备。

(a)   (b)

图 5-44　桥式劈半锯

2. 往复式劈半锯

往复式劈半锯主要在国内小型屠宰厂使用，一般作为桥式劈半机的补充备用。往复式劈半锯结构原理简单，操作时工人手持劈半锯，沿猪胴体脊骨中线方向下锯将胴体分开。往复式劈半锯投资较小，速度较慢，劈半时劳动强度较大，劈半效率低。锯条相对较厚，一般在 1.5 mm 以上，造成的骨肉损耗也较大（图 5-45）。

3. 带式劈半锯

图 5-45　往复式劈半锯

带式劈半锯在国内新型屠宰厂使用的较多。该设备要求屠宰线扁担钩有一定的上下伸入空间，不适合国内老式车间的"一"字形扁担钩使用。操作时，靠人工沿脊骨正中线向下位移将猪胴体分开。带式劈半锯的锯条较薄，一般锯条厚度 0.6 mm～0.8 mm，劈半时产生的骨肉损耗少，工作效率较高。同时，由于配备了自动冲洗装置，可避免交叉污染，设备清洗消毒维护方便，符合卫生条件要求（图 5-46）。

4. 圆盘式劈半锯

圆盘式劈半锯在国内屠宰厂使用的相对较少，对屠宰线无特殊要求，适用率较高（图 5 - 47）。操作时，靠人工牵引劈半机做上下运动实现胴体劈半。圆盘式劈半锯的劈半效率较高，操作维护灵活方便，具有自动清洗系统，使用中不断清洗机器内部，避免了交叉污染。锯片寿命长，使用成本较低，但劈半时的骨肉损耗较大。

图 5 - 46 带式劈半锯

图 5 - 47 圆盘式劈半锯

5. 全自动劈半机

全自动劈半机主要分全自动刀式劈半机和全自动锯式劈半机（图 5 - 48、彩图 33）。全自动劈半机具有自动化程度高、劈半准确、肉品质量好、卫生安全等优点，但投资一般都较大，且运行和维护成本较高，适合大型屠宰厂规模化生产使用。

图 5 - 48 全自动劈半机

随着国家对猪肉食品卫生与安全的日益重视，国内屠宰行业目前主要使用机械化程度较高、带自动清洗装置的带式劈半锯和全自动劈半机，而

逐渐淘汰存在卫生安全隐患的桥式劈半锯和往复式劈半锯。

【实际操作】

1. 手动劈半

操机工人面向胴体腹部，双手紧握劈半锯，启动按钮，将锯弓搁在骨盆中央，将锯齿对准脊背中央，用力下按，将胴体锯成两片（图 5-49）。

2. 自动劈半

确定劈半机相关技术参数，保证定位准确，开动设备进行操作，将胴体劈成两半。根据劈半效果，可调整相关参数，以保证劈半效果良好（图 5-50）。

图 5-49　手动劈半　　　　　　图 5-50　自动劈半

3. 摘肾脏

劈半后，由人工将位于片猪肉脊柱两侧的肾脏，用刀齐肾脏边缘割下。注意：尽量不带脂肪。如摘除肾脏时不慎带出肾上腺，则应把肾上腺摘离肾脏。

4. 撕板油

操作人员一手的拇指插入第五肋骨下肌膜内（即插入板油内），然后用五指捏紧板油，另一手抓住腹壁，两手向相反方向同时用力，将板油剥离下来。剥离板油时，需检查腰肌、软裆、第五肋骨处是否残留板油，尽量将板油剥净。

采用上下升降的钳子进行机械剥离时，首先人工将板油下端撕开一角，将其夹在钳子中，随着钳子上升剥离板油。机械剥离虽然省力，但有时会将板油剥碎，需要人工补剥。

十四、整　　修

【标准原文】

5.14　整修

按顺序整修腹部、放血刀口、下颌肉、暗伤、脓包、伤斑和可视病变淋巴结，摘除肾上腺和残留甲状腺，洗净体腔内的淤血、浮毛、锯末和污物等。

【内容解读】

为保证胴体品质，本条款规定了胴体整修的要求。

整修的目的是洗净附着于胴体表面劈半时产生的锯末碎屑、浮毛、血污等附着物。整修时，割除胴体表面伤痕、脓包、淤血等组织，取出脊髓，摘除残留的甲状腺、肾上腺（也可在劈半前摘除肾上腺）、病变淋巴结，修整颈部和腹壁的游离缘，摘除肾脏，撕去板油，清除胴体外表多余水分，以提高胴体外观品质。修整好的胴体应无血、无粪、无毛、无污物、修割面平整。

【实际操作】

1. 胴体整修

修割操作时，用刀和进刀一定要轻轻地薄削，由浅入深，由小到大。修割要平整，割净为止（图 5-51、彩图 34）。其主要操作包括：

图 5-51　胴体整修

（1）刮残毛　将片猪肉上的残毛或毛根尽量刮除干净。

（2）割横膈膜 横膈膜在胸腔与腹腔之间的横膈肌上，用刀紧贴肋骨将其割净。

（3）修割放血刀口 放血刀口有大量淤血块、淋巴管等，用刀将其割掉。下刀时要平，既要割净，又不带肉。

（4）修割乳头 用手或夹子夹住乳头，用力割下。要割成圆形，不留乳根，不带黄汁。

（5）割下颌肉 清除下颌肉残留的血污，然后先将内侧的血管和各种内分泌腺割去，再沿第一颈椎直线平行割下，位置不得过高或过低。

（6）割暗伤、伤斑和病变淋巴结等 伤口、伤斑或病变淋巴结等除显露出的外，还有一些隐藏在皮下或肌肉组织内，故应仔细观察割除。凡皮肤上有凸块，或虽无凸块但皮色微青，或在各刀口断面有充血黏膜，均应开皮检查。对于病变淋巴结、伤斑、血痂、皮癣、脓疮等病变部分，用刀修割。

2. 摘除腺体

（1）摘除肾上腺 在原肾脏位置脊柱侧脂肪层组织中，找出并摘除肾上腺（图 5-52、彩图 35）。如在摘除肾脏前进行此操作，可剥开肾脏腹侧下方（解剖位置为猪体肾脏前方，屠宰吊挂时则为肾脏下方）的包膜组织，找出肾上腺并完整摘除（图 5-53）。

(a)　　　　　　　　　　　　　　(b)

图 5-52　摘除肾上腺

（2）摘除残留甲状腺 仔细检查颈部（原气管腹面喉结位置）有无甲状腺残留，如有前道工序未摘除干净而有残留的，必须清除干净（图 5-54、彩图 36)。

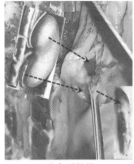

(a)劈半后摘除　　　　　　　　　　(b)劈半前摘除

图 5 - 53　摘肾前操作

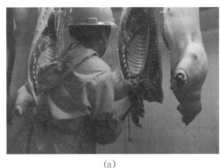

(a)　　　　　　　　　　　　　(b)

图 5 - 54　摘除残留甲状腺

3. 胴体冲洗

使用一定压力的清洁温水，洗净体腔内的淤血、浮毛、锯末和污物等，冲洗后需去除胴体外表多余的水分。

4. 废物处理

修割下的肉屑或废弃物，分别收集于容器内，严禁乱扔。

十五、计量与质量分级

【标准原文】

5. 15　计量与质量分级

用称量器具称量胴体的重量。根据需要，依据胴体重量、背膘厚度和

瘦肉率等指标对猪胴体进行分级。

【内容解读】

本条款规定了胴体计量与质量分级的要求。

企业根据生产统计与胴体分类等级要求，需要对胴体进行称重、背腰厚度或瘦肉率测定。根据称重与测定结果，依据相关分级标准对胴体进行分级。

1. 胴体的分级

猪肉品质受猪品种、年龄、肥度、不同部位等因素的影响，肉品质量差异很大，而不同品质的猪肉其加工、食用和商品价值也不同。因此，需要对猪肉进行质量分级，并根据分级要求对猪胴体进行分割。根据《猪肉等级规格》（NY/T 1759—2009）等分级标准，目前，我国对猪胴体的分级方法如下：猪肉胴体的等级一般有以外观评定的胴体质量等级、以背膘厚度（或瘦肉率）与每片胴体重量评定的胴体规格等级、以胴体质量等级与规格等级综合判定的胴体综合等级3种。

（1）胴体质量等级 根据猪胴体的外观、肉色、肌肉质地、脂肪色将胴体分成 Ⅰ、Ⅱ、Ⅲ 3级，其分级要求如表5-4所示。

表5-4　胴体质量等级要求

项目	Ⅰ级	Ⅱ级	Ⅲ级
胴体外观	整体形态美观、匀称，肌肉丰满，脂肪覆盖情况好。每片猪肉允许表皮修割面积不超过 1/4，内伤修割面积不超过 150 cm²	整体形态较美观、匀称，肌肉较丰满，脂肪覆盖情况较好。每片猪肉允许表皮修割面积不超过 1/3，内伤修割面积不超过 200 cm²	整体形态、匀称性一般，肌肉不丰满，脂肪覆盖一般。每片猪肉允许表皮修割面积不超过 1/3，内伤修割面积不超过 250 cm²
肉色	鲜红色，光泽好	深红色，光泽一般	暗红色，光泽较差
肌肉质地	坚实，纹理致密	较为坚实，纹理致密度一般	坚实度、纹理致密度较差
脂肪色	白色，光泽好	较白略带黄色，光泽一般	淡黄色，光泽较差

（2）胴体规格等级 以背膘厚度（或瘦肉率）与每片胴体重量的二套评定系统，分为 A、B、C 3个等级，背膘厚度可以第6、第7肋骨处背中

线皮下脂肪的厚度为依据，瘦肉率以瘦肉率测定仪测定，胴体重分为带皮和不带皮两种，其分级要求如表 5-5。

表 5-5　胴体规格等级

背膘厚度或瘦肉率，mm 或%	胴体重，kg		
	>65（带皮） >60（去皮）	50~65（带皮） 46~60（去皮）	<50（带皮） <46（去皮）
背膘<20 或瘦肉率>55	A 级	B 级	C 级
背膘 20~30 或瘦肉率 50~55	B 级	B 级	C 级
背膘>30 或瘦肉率<50	C 级	C 级	C 级

（3）胴体综合等级　以胴体质量等级（Ⅰ、Ⅱ、Ⅲ）与规格等级（A、B、C）综合判定，将胴体共分为 4 级，其分级要求如表 5-6。

表 5-6　胴体综合等级

胴体综合等级分级		胴体质量等级		
		Ⅰ	Ⅱ	Ⅲ
胴体综合等级	A	AⅠ（一级）	AⅡ（二级）	AⅢ（二级）
	B	BⅠ（二级）	BⅡ（三级）	BⅢ（三级）
	C	CⅠ（三级）	CⅡ（四级）	CⅢ（四级）

【实际操作】

1. 测量方法

背膘厚与瘦肉率的测量一般采用肩胛后沿、最后肋骨处及腰荐结合处距背正中线 4 cm 处的三点测量的平均值。也有的，用第 10、第 11 肋间距背正中线 4 cm 处测量。

2. 测量设备

可采用探针式测定仪（图 5-55）或超声波测定仪进行测定。还有的屠宰企业在线测定瘦肉率（图 5-56）。

3. 胴体分级

根据胴体质量、背膘厚度和瘦肉率等指标测定结果，按照有关标准进行胴体质量分级。

图 5-55　瘦肉率测定仪　　　图 5-56　探针式测定仪在线测定

十六、副产品整理

【标准原文】

5.16.1　整理要求

副产品整理过程中，不应落地加工。

5.16.2　分离心、肝、肺

切除肝膈韧带和肺门结缔组织。摘除胆囊时，不应使其损伤、残留；猪心宜修净护心油和横膈膜；猪肺上宜保留 2 cm～3 cm 肺管。

5.16.3　分离脾、胃

将胃底端脂肪割除，切断与十二指肠连接处和肝、胃韧带。剥开网油，从网膜上割除脾脏，少带油脂。翻胃清洗时，一手抓住胃尖冲洗胃部污物，用刀在胃大弯处戳开 5 cm～8 cm 小口，再用洗胃设备或长流水将胃翻转冲洗干净。

5.16.4　扯小肠

将小肠从割离胃的断面拉出，一手抓住花油，另一手将小肠末梢挂于操作台边，自上而下排除粪污，操作时不应扯断、扯乱。扯出的小肠应及时清除肠内污物。

5.16.5　扯大肠

摆正大肠，从结肠末端将花油（冠油）撕至离盲肠与小肠连接处 2 cm 左右，割断，打结。不应使盲肠破损、残留油脂过多。翻洗大肠，一手抓住肠的一端，另一手自上而下挤出粪污，并将大肠翻出一小部分，用一手二指撑开肠口，向大肠内灌水，使肠水下坠，自动翻转，可采用专用设备进行翻洗。经清洗、整理的大肠不应带粪污。

5.16.6 摘胰脏

从胰头摘起，用刀将膜与脂肪剥离，再将胰脏摘出，不应用水冲洗胰脏，以免水解。

【内容解读】

1. 整理要求

本条款规定了副产品不得落地整理的要求。

内脏特别是消化道中存在大量内容物与微生物，由于生猪刚宰杀时仍有余温而导致微生物大量繁殖，影响内脏品质。因此，必须对摘下的内脏及时进行检验，检验合格的尽快整理，以清除内容物，减少微生物的影响。另外，为保证内脏与其他副产品（如头、蹄、尾等）的品质，需防止肠道内容物对心、肺、肝等内脏产品与其他副产品造成污染，特别是在落地加工时，更易造成污染，从而影响副产品的质量。故本标准规定："副产品整理过程中，不应落地加工。"

2. 分离心、肝、肺

本条款规定了红脏（心、肝、肺）的分离操作要求，以保证红脏品质。

3. 分离脾、胃

本条款规定了分离脾、胃的操作要求。

分离脾、胃时，应保证脾、胃的完整性，防止胃内容物溢出。

4. 扯小肠

本条款规定了扯小肠与小肠清理的操作要求。

扯小肠时应保证小肠的完整性，防止小肠内容物溢出而污染操作台。

5. 扯大肠

本条款规定了扯大肠与大肠清理的操作要求。

扯大肠时，应保证大肠的完整性，防止大肠内粪污溢出而污染操作台。

6. 摘胰脏

本条款规定了胰脏摘除的操作要求。

由于胰腺是猪消化酶分泌的主要腺体，含有大量胰蛋白酶、胰脂肪酶等。因此，为了防止这些水解酶对屠宰产品的影响，本条款规定了胰脏摘除操作要求，并规定不应用水冲洗胰脏，以免水解。

【实际操作】

1. 整理要求

副产品整理必须在专用的整理操作台上进行，且胃、肠（白脏）整理，心、肺、肝（红脏）整理与其他副产品整理应分别在不同的区域进行，不得进行落地加工。

清理胃肠内容物时，必须集中在一定区域，收集进容器内或在固定地点堆放，不得随地乱倒，注意及时将内容物运往粪便发酵池。洗净后的内脏应装入特定的容器并迅速冷却，不得常温长时间堆放，以免变质。

2. 分离心、肝、肺

（1）摘除胆囊 小心摘除胆囊。摘除胆囊时，操作人员一手持肝，一手以食指和拇指捏住胆囊，将中指插入胆管后侧，将胆囊扯下。摘除胆囊时，应连同胆管一起摘除，防止胆汁溢出，不应使其损伤、残留。

（2）分离红脏 对已扯去胆囊的心、肝、肺，用刀将心脏从脉管连接处割下，猪心宜修净护心油和横膈膜；切除肝膈韧带和肺门结缔组织，肺上宜保留 2 cm～3 cm 肺管（图 5 - 57）。割下的肺应与食道、气管放在一起。

(a)分离心、肝　　　　　　(b)割肺管

图 5 - 57　分离红脏

分离出的心、肝、肺产品见图 5 - 58。

 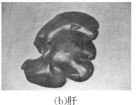 

(a)心　　　　　　　　(b)肝　　　　　　　　(c)肺

图 5 - 58　心、肝、肺产品

3. 分离脾、胃

猪胃呈元宝形，前端通食道（剖腹时已将食道割除），后端通十二指肠，全部被一层网状系膜（俗称"网油"）所包围。脾连接在胃大弯头处的网膜上。

（1）分离操作　先将胃上的网状系膜剥开，切断与十二指肠连接处和肝、胃韧带。割取胃时，应将食道和十二指肠留有一定的长度，以免胃内容物流出，并将胃底端的脂肪层用刀割离。脾连在网膜上，可将其齐根割离，尽量不带或少带脂肪（图 5 - 59）。

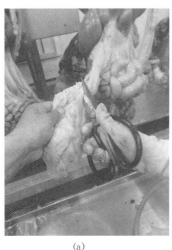 

(a)　　　　　　　　　　　　　　(b)

图 5 - 59　分离脾、胃

（2）胃的翻洗　翻胃清洗时，需要在指定区域进行。操作人员一手抓住胃尖冲洗胃部污物，一手用刀在胃大弯处戳开 5 cm～8 cm 的小口。拇指插入刀口内，将胃翻转，抖出胃内容物，再用洗胃设备或长流水将胃冲洗干净（图 5 - 60）。

(a)　　　　　　　　　　　(b)

图 5 - 60　胃清洗

4. 扯小肠

(1) 扯小肠操作　操作时，一手将已割离胃部的十二指肠断口拉出，并将其挂出台沿，使粪污流入地上沟槽中，防止污染台面上的内脏；另一手捏住小肠系膜（俗称"花油"），将小肠系膜均匀用力扯离，至接近完成时，将小肠末梢挂出台沿，使之自上而下排出粪污（图 5 - 61）。扯小肠时，应根据猪的不同品种区别对待。一般脂肪较多的猪，系膜较嫩，小肠韧性较足，不易扯断；反之，脂肪较少的猪，系膜较坚韧，但小肠较脆，容易扯断，特别是"虫肠"，肠管更易扯断，需要特别小心。

(a)　　　　　　　　　　　(b)

图 5 - 61　扯小肠

(2) 小肠清洗

① 手工操作。为了便于排粪与清点，一般每扯完 5 根或 10 根小肠便合并在一起，抹清肠梢的粪污，打成把，用手握住打结处，用另一手拇指

将肠管夹在手掌内，由打结处向小肠的另一端抹去，使肠内容物挤压出来。

② 机械操作。将扯去肠油的小肠一端放入旋转的两个橡皮辊筒之间，每次可放数十根，通过辊筒旋转挤压出肠内容物（图 5 - 62）。

图 5 - 62　小肠清洗机

5. 扯大肠

（1）扯大肠操作　从结肠末端将花油（冠油）撕至距盲肠与小肠连接点 2 cm 左右处，割断，打结。注意：不应使盲肠破损、残留油脂过多。

（2）翻洗大肠　操作人员一手抓住肠的一端，另一手自上而下挤出粪污，并将大肠翻出一小部分，用一手二指撑开肠口，向大肠内灌水，使肠水下坠，自动翻转。也可采用专用设备进行翻洗。经清洗、整理的大肠不应带粪污（图 5 - 63）。

（a）大肠整理　　　　　　　　　（b）扯大肠

图 5 - 63　扯大肠与大肠整理

6. 摘胰脏

将粘在肠管和肾脏之间的胰腺剥离下来。操作时，一手持镊子，另一手持刀（或剪刀）。先将胰脏正面左右两旁的脉管、脂肪层切开，露出胰脏，再割去反面的脂肪层，从胰头摘起，直至将胰脏摘出（图5-64，图5-65）。

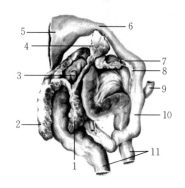

图5-64　胰脏解剖模式图

1. 胰腺体（胰头）　2. 胰左叶

3. 门静脉　4. 胰腺体（胰头）　5. 胃

6. 幽门　7. 胰管　8. 胰右叶　9. 空肠

10. 十二指肠　11. 结肠

图5-65　摘胰脏操作

摘除的胰脏不得使用铁质容器盛装，并及时进行冷冻保存。

7. 其他副产品整理

在本标准中，未明确规定其他副产品的操作要求与方法，但在屠宰企业中，存在大量其他副产品的整理。例如，脱毛猪的头、蹄、尾与猪屠体一起进行脱毛处理，故相对干净，但也需要再进一步清洁；而剥皮猪的头、蹄、尾是带毛割下，必须进行加工处理。以下简要介绍主要副产品整理操作要点。

(1) 猪头整理

① 手工脱毛。烫池内装有搁板，放水后水面离搁板25 cm左右，浸烫池水温62 ℃～65 ℃。将猪头面部向下放在搁板上，这样既可达到将毛全部烫透的目的，又可防止颈部刀口被污染和烫熟。浸烫时间根据猪品种、年龄、季节等而定，一般可掌握在2 min～3 min。先将去鼻毛、耳毛，然后用刨刀从边沿开始向猪头面部刨去，边刨边浸烫，直至将毛刨净为止。遇到皱纹多的猪头，可用刨刀角刨刮皱褶处；刨不净的残毛，应用

喷灯燎毛。

　　② 机械脱毛。先按上述人工法进行浸烫，然后人工捋去鼻毛、耳毛。当猪头顶毛用手一捋即落时，表明猪头已经烫好，即可上机脱毛。操作者将猪头下颌部位朝上，猪嘴朝前，逐只插在机器传送带钉齿上，传送带将猪头送进机内，经两边的软刨滚筒旋转刮刨，刮净后传送带将猪头带出机外。如遇到未刮净的残毛和皱褶处的毛，则用手工刮刨或喷灯燎毛。

　　（2）割猪舌　操作时，猪头面朝下，嘴对操作者，插入 V 形木条并将其横放。一手抓住喉管，一手用刀齐舌根割下喉管；再一手捏住舌根，一手持刀，刀尖向下，刀刃向内，垂直插入，在左边猪舌根和下颌肌之间划开，再划开右边；用手拉出猪舌根，一手持刀齐舌根与下颌肌连接处割下猪舌。

　　（3）猪蹄整理　猪蹄脱毛一般采用机械方式。操作者将猪蹄装入铁丝笼等容器后一同浸入浸烫池中。浸烫池水温应控制在 60 ℃～62 ℃，浸烫时间为 2 min～3 min。取一只猪蹄，用双手握住逆向旋转一周，若能连台轻松地旋掉毛和蹄壳，即表明已经烫好，将浸烫笼提出，把烫好的猪蹄倒入打蹄机内。猪蹄在机器内旋转软刨的摩擦作用下，经 1 min～2 min 将猪毛除尽。对有残留的蹄毛，可采用喷灯燎毛。

　　（4）蹄筋　猪蹄筋为无色透明或淡黄色透明体，表面光亮，无油脂、无肌肉、无血渍，长度约为 15 cm。操作者将猪蹄的掌心朝上，蹄尖插入固定的铁圈架孔内，一手用钳子钳住蹄筋断口，并使之绷紧，另一手持刀，刀口稍微偏向蹄尖，先后将筋和小趾筋割断，用力拉出。新鲜蹄筋用刀修净肌肉与脂肪，然后用流动水浸泡，将内部血水洗净，并逐条拉直，贴平干燥。

　　（5）猪尾整理　将猪尾装入浸烫笼内，放入浸烫池中浸烫。水温应控制在 58 ℃～60 ℃，浸烫时间 2 min 左右。因猪尾皮薄、毛根浅，水温不宜过高，否则会出现"烫老"现象，影响脱毛效果。浸烫后，双手握住猪尾中部用力向两边捋，即将长毛捋掉，再用刮刨去掉少量残毛。也可将猪尾浸烫 1 min 后，放入滚筒刮毛机内刮毛。若猪尾尚有残毛，可采用刮刨刮净。

十七、预　　冷

【标准原文】

5.17　预冷

将片猪肉送入冷却间进行预冷。可采用一段式预冷或二段式预冷工艺：

   a) 一段式预冷。冷却间相对湿度 75%～95%，温度 0 ℃～4 ℃，片猪肉间隔不低于 3 cm，时间 16 h～24 h，至后腿中心温度冷却至 7 ℃以下。

   b) 二段式预冷。快速冷却：将片猪肉送入－15 ℃以下的快速冷却间进行冷却，时间 1.5 h～2 h，然后进入 0 ℃～4 ℃冷却间预冷。预冷：冷却间相对湿度 75%～95%，温度 0 ℃～4 ℃，片猪肉间隔不低于 3 cm，时间 14 h～20 h，至后腿中心温度冷却至 7 ℃以下。

【内容解读】

本条款规定了猪肉预冷的工艺与操作要求。

生猪宰杀过程中，经 60 ℃左右热水或蒸汽浸烫约 6 min、高温火焰燎毛后，猪胴体外表面温度很高，且体内新陈代谢仍在进行，释放热量，会使温度继续上升 1.5 ℃～2.0 ℃。猪肉富含脂肪、蛋白质等多种营养物质，温度较高，微生物极易繁殖。较高的肉温将进一步促进乳酸发酵，导致白肌肉发生率上升。所以，必须要对胴体进行冷却，以降低微生物的影响，并控制乳酸发酵进程。

猪在屠宰后，由于肌肉中肌凝蛋白凝固、肌纤维硬化，会使胴体僵硬。但经过一定时间的预冷，在内源酶的作用下，肌肉中糖原减少，乳酸增加，部分变性蛋白分解，从而僵直解除，还会使肉多汁，风味增加，从而提高猪肉品质。

猪胴体修整后，为降低微生物的影响，急需对其冷却。通常要求猪从放血到胴体预冷不超过 45 min。通过一定时间的冷却后，使猪肉后腿中心温度达到 7 ℃以下。由于猪肉在预冷过程中自身温度高，而周围环境湿度低，胴体表面水分容易散失，产生预冷损耗。另外，预冷温差会使胴体肌肉组织产生冷缩现象，从而对肉质产生一定的影响。通常情况下，冷却方式、冷库湿度、温度和风速是影响猪肉品质的关键因素。目前，猪肉预冷一般采用一段式预冷或二段式预冷。一段式预冷是将猪胴体直接在 0 ℃～4 ℃环境下进行冷却，最终使后腿中心温度冷却至 7 ℃以下。由于此法冷却时间长（16 h～24 h），冷却过程容易造成损耗，对微生物控制也不利。二段预冷是先将猪胴体放入约－15 ℃的环境下进行短时快速冷却，然后转入 0 ℃～4 ℃环境下进行预冷。此法可迅速控制微生物，并使胴体表面水分形成冰膜，阻止猪肉水分的继续散失，减少预冷损耗。

在冷却过程中，为减少损耗，需要在控制温度的同时保持较高的相对湿度，以减少猪肉水分散发量。此外，要求片胴体间保持一定间隙，以保证冷气流通，提高冷却效果。

【实际操作】

1. 一段式预冷（图 5 - 66）

图 5 - 66　预冷库

（1）湿度要求　保证冷却间相对湿度 75％～95％，防止猪肉冷却时的水分损耗。

（2）温度要求　保证冷却间温度 0 ℃～4 ℃，控制微生物的滋生。

（3）间隙要求　保证片猪肉间隔不低于 3 cm，使片猪肉间有足够的空间，让冷却空气充分流通，保证每片片猪肉预冷效果。

（4）预冷时间　预冷时间控制在 16 h～24 h，以使猪肉成熟有足够的时间，最终提高猪肉品质。

（5）产品温度　在预冷后，必须使后腿中心温度冷却至 7 ℃以下，以保证有效控制微生物的滋生，保证猪肉品质。

2. 二段式预冷

（1）快速冷却　将片猪肉送入－15 ℃以下的快速冷却间进行冷却，时间 1.5 h～2 h，使胴体表面水分结晶，形成冰膜，以减少后段预冷工序中的水分损失。

（2）预冷　经快速冷却后的片猪肉，送入 0 ℃～4 ℃冷却间预冷。预冷条件：冷却间相对湿度 75％～95％，温度 0 ℃～4 ℃，片猪肉间隔不低于 3 cm，时间 14 h～20 h，至后腿中心温度冷却至 7 ℃以下。

十八、冻　　结

【标准原文】

5.18　冻结

冻结间温度为-28℃以下，待产品中心温度降至-15℃以下转入冷藏库储存。

【内容解读】

本条款规定了冻结的工艺条件与操作要求。

冻结猪肉是一种用低温快速冻结方式，将猪肉温度降低至预期低温，在-18℃或更低温度的条件下储运的肉品（图5-67）。冻结能最大限度地保持猪肉食品原有的色泽、风味和营养成分，是猪肉长期储藏的最重要的方法。

图5-67　冻结猪肉（带塑料膜包装）

影响速冻猪肉品质和储藏期的主要因素是速冻过程中猪肉中心温度必须达到-15℃以下。不同的冻结方式和包装处理会影响猪肉速冻过程中心温度的下降速度。

【实际操作】

将经过预冷处理后的猪胴体转入-28℃以下的冻结间进行急冻，由于冻结时间较短、猪肉皮下脂肪层的保护而冻损较小。一般直接冻结20 h内就可使猪胴体温度下降到-15℃以下，然后转入冷藏库储存。

猪胴体冻结时采用悬挂的方式，且留有间隙，提高双面冻结效果。采用包装材质包装时会影响冻结时间。

第 *6* 章
包装、标签、标志和储存

一、包装、标签、标志

【标准原文】

6.1　包装、标签、标志

产品包装、标签、标志应符合 GB/T 191、GB 12694 等相关标准的要求。

【内容解读】

本条款规定了产品的包装、标签、标志要求。

包装的作用在于保护产品不被损坏，防止污染，延长产品货架期，便于运输等。包装对生猪产品的保护性主要体现在遮光性、阻水性、隔氧性、气体选择透过性等物理性能方面。由于产品储存条件、流通环境、保存期的不同，对包装材料与包装方式的要求也不同，需要根据具体情况进行选择。包装材料主要包括塑料、纸、金属、化学纤维等制品，由于这些包装材料直接接触猪肉产品，故需要符合《食品安全国家标准　畜禽屠宰加工卫生规范》（GB 12694）中对包装材料要求的规定。包装材料应符合无毒无害的要求，否则相关风险物质会迁移进入猪肉产品中而造成食品安全问题。对于外包装材料，虽然无相关要求，但也需要注意防止对内包装的污染。包装方式可分为简易包装、真空包装、收缩包装、贴体包装、充气包装等。

根据《包装储运图示标志》（GB/T 191）及相关食品与农产品标签标识标准等的规定，产品必须有相应的标签标识，标签内容应符合相关规定；需要在产品包装的醒目位置明确产品属性或标示商品分类标志、包装储运要求或相应的图形符号标志等，以保证产品在储存、运输过程中的完整性，防止破损污染。

【实际操作】

1. 包装

为保证包装的安全，要求猪肉产品的包装应符合 GB 12694、GB 14881 等相关标准的要求，包装应能在正常的储存、运输、销售条件下最大限度地保护猪肉产品的安全和品质。使用包装材料时应核对标识，避免误用。包装材料应符合相关标准，不应含有有毒有害物质，不应改变肉的感官特性。包装材料不应重复使用，除非是用易清洗、耐腐蚀的材料制成，并且在使用前应经过清洗和消毒。内、外包装材料应分别存放，包装材料库应保持干燥、通风和清洁卫生。产品包装间的温度应符合产品特定的要求。

2. 标签

标签的作用在于提供产品信息，便于产品的销售与管理。根据《鲜活农产品标签标识》（GB/T 32950—2016）的规定，标签需要明确产品名称、质量情况、生猪产地、屠宰分割日期、储存与运输条件、保质期、屠宰企业名称、地址、联系方式、净含量与规格、安全标识等信息。标签内容应准确、真实、清晰、规范。

3. 标志

根据《包装储运图示标志》（GB/T 191）、《储运包装收发货标示》（GB/T 6388）的规定，需要在产品包装的醒目位置明确产品属性或标示商品分类标志、包装储运要求或相应的图形符号标志等，以保证产品在储存、运输过程中的完整性，防止破损污染。

二、储　　存

【标准原文】

6.2　储存

6.2.1　经检验合格的包装产品应立即入成品库储存，应设有温、湿度监测装置和防鼠、防虫等设施，定期检查和记录。

6.2.2　冷却片猪肉应在相对湿度 85%～90%，温度 0 ℃～4 ℃的冷却肉储存库（间）储存，并且片猪肉需吊挂，间隔不低于 3 cm；冷冻片猪肉应在相对湿度 90%～95%，温度为－18 ℃以下的冷藏库储存，且冷藏库昼夜温度波动不应超过±1℃。

【内容解读】

本条款规定了储存的卫生设施、主要参数与监控、储存控制要求。

1. 不同猪肉类型的储存要求

猪胴体根据不同的需求，可利用预冷后再进行冷藏储存生产成冷鲜肉，也可将猪胴体经快速冻结后再转入冷冻库储存生产成冻结肉。不同的处理方式（猪肉类型）具有不同的储存要求，主要表现在温度与时间两方面。

(1) 冷鲜肉　猪胴体的冷却与储存过程也是猪肉成熟的过程。骨骼肌蛋白质降解生成大量的低分子肽，使肌肉组织结构发生变化，肌原纤维结构弱化，增加肉品嫩度与口感；三磷酸腺苷经降解生成大量的肌苷酸，与低分子肽一同改善猪肉的风味，且营养价值丰富；在低温环境下，腐败微生物的生长速率降低，大多数病原微生物的生长受到抑制，肉的食用安全得到保障。一般猪肉要达到较佳品质的成熟需5 d左右。肉成熟以后如果继续存放，肉品将会进入自溶阶段。进入自溶阶段后，由于微生物的作用，蛋白质会分解产生硫化氢，与血红蛋白结合后形成含硫血红蛋白，肉品将出现绿色斑点。同时，肌肉会变松弛且缺乏弹性，pH升至6.0左右。如再进一步存放，则产生腐败变质。

(2) 冷冻肉　相对于冷鲜肉而言，由于储存温度始终在−18℃的低温环境下，猪胴体肌肉内部微生物、自身代谢基本处于停滞状态，从而可长时间保证胴体不变质。此法是猪肉储备的重要手段，可调控猪肉市场的均衡供应，保证猪肉价格相对稳定。

2. 储存设备要求

在猪肉储存过程中，为保证储存品质，要求储存条件相对稳定，实时监控储存温度与湿度。另外，在储存过程中，需要保证猪肉不受污染，要求有相应的防鼠、防虫等设施。特别是对于冷鲜肉的保存，更需要注意防止污染。此外，还需要定期检查和记录，注意冷鲜肉的储存时间，待到达成熟期后，及时调出销售。

【实际操作】

1. 温度、湿度监控

经检验合格的包装产品应立即入成品库储存。成品库应设有温度、湿度监测装置，并根据产品储存条件与管理要求，采用自动或人工方式定期对温度、湿度进行监测。

2. 防鼠、防虫设施

要设有专门的防鼠、防虫等设施，并定期检查设施的完备性，降低污染风险。特别是在储存库房内，应选用物理防鼠、防虫设施。在储存库外使用化学性防鼠防虫方法，必须由专业人员设置，投放饵料，定期检查管理，防止污染肉品。

3. 储存管理

根据不同猪肉产品的储存特点，冷却片猪肉应在相对湿度 85％～90％、温度 0 ℃～4 ℃的冷却肉储存库（间）储存，并且片猪肉需吊挂，间隔不低于 3 cm；冷冻片猪肉应在相对湿度 90％～95％、温度为－18 ℃以下的冷藏库储存，且冷藏库昼夜温度波动不应超过±1 ℃。

第 7 章

其 他 要 求

【标准原文】

7.1 刺杀放血、去头、雕圈、开膛等工序用刀具使用后应经不低于82 ℃热水一头一消毒，刀具消毒后轮换使用。

7.2 经检验检疫不合格的肉品及副产品，应按 GB 12694 的要求和《病死及病害动物无害化处理技术规范》的规定处理。

7.3 产品追溯与召回应符合 GB 12694 的要求。

7.4 记录和文件应符合 GB 12694 的要求。

【内容解读】

1. 刀具消毒要求

由于猪体与消化道内存在大量微生物，特别是个别生猪可能存在一定的致病微生物，在屠宰过程中，刺杀、去头、雕圈、开膛等屠宰操作，同步检验检疫中对可能病变组织的剖解操作等，均会造成相应刀具的污染。如不进行消毒处理，会产生严重的交叉污染。因此，需要对各种刀具、容器、案板等设施设备进行清洗、消毒，防止微生物滋生与交叉污染。特别是对接触污物的器具需要消毒清洗，如对刀具的高温清洗消毒。研究表明，在水温高于82 ℃时，可有效杀灭或控制微生物，且刀具上黏附的蛋白性液体不宜过分凝固而导致清洗困难。刀具消毒示例见图 7-1。

图 7-1　刀具消毒示例

2. 不合格肉品无害化处理要求

病害动物无害化处理，是指用物理、化学等方法处理经检验确定为不适合人类食用或不符合兽医卫生要求的动物、胴体、内脏或动物的其他部分，消灭其所携带的病原微生物，消除动物尸体危害的过程。无害化处理的目的是防止动物疾病的蔓延（特别是微生物传染性疾病），确保人体与动物健康（防止微生物病原危害或有毒有害物质危害）。

3. 产品追溯与召回制度要求

为保证猪肉产品与食品安全，需要按 GB 12694 的要求实行产品追溯与召回制度。

4. 屠宰企业的各项记录与相关文件的管理要求

生猪屠宰企业应根据 GB 12694 的要求进行规范的记录和文件管理，提高企业安全控制能力，保证猪肉产品安全。

【实际操作】

1. 刀具消毒

刺杀放血、去头、雕圈、开膛等工序用刀具使用后，应经不低于 82 ℃热水一头一消毒，刀具消毒后轮换使用。对于机械屠宰设备的相关刀具也应有相关热水消毒设施，以满足一头一消毒的要求。除对刀具消毒外，还应根据相关要求定期对屠宰设备、设施、车间等进行消毒。

2. 不合格肉品无害化处理

经检疫检验发现的患有传染性疾病、寄生虫病、中毒性疾病或有害物质残留的生猪及其组织，应使用专门的封闭不漏水的容器、用专用车辆及时运送，并在官方兽医监督下进行无害化处理。对于患有可疑疫病的应按照有关检疫检验规程操作，确认后应进行无害化处理。其他经判定需无害化处理的生猪及其组织应在官方兽医的监督下，进行无害化处理。企业应制定相应的防护措施，防止无害化处理过程中造成的人员危害，以及产品交叉污染和环境污染。

对于屠宰前确认的病害生猪、屠宰过程中经检疫或肉品检验确认为不可食用的，需要按照《病死及病害动物无害化处理技术规范》的规定，用直接焚烧法、化制法、高温法、化学处理法等方法进行处理；在收集、转动时需要按要求进行操作，对人员进行必要的防护，并做好各环节的相应记录。

3. 产品追溯与召回制度

(1) 产品追溯 生猪屠宰企业应按要求严格生产过程全程记录，并建立完善的可追溯体系，确保肉类及其产品存在不可接受的食品安全风险时，能进行双向安全与质量追溯，及时查找原因并提出相应解决方案。

(2) 产品召回 生猪屠宰加工企业应根据相关法律法规建立产品召回制度。当发现出厂产品属于不安全食品时，应当立即停止生产，召回已经上市销售的猪肉产品，通知相关生产经营者和消费者，并记录召回和通知情况，报告官方兽医。对召回后产品的处理，应按 GB 14881—2013 中第11章的规定，进行无害化处理或者予以销毁，防止其再次流入市场。对因标签、标识或者说明书不符合食品安全标准而被召回的食品，应采取能保证食品安全且便于重新销售时向消费者明示的补救措施。

4. 屠宰企业的各项记录与相关文件的管理要求

应建立记录制度并有效实施，包括生猪入厂验收、宰前检查、宰后检查、无害化处理、消毒、储存等环节，以及屠宰加工设备、设施、运输车辆和器具的维护记录。记录内容应完整、真实，确保对产品从生猪进厂到产品出厂的所有环节都可进行有效追溯；企业应记录召回的产品名称、批次、规格、数量、发生召回的原因、后续整改方案及召回处理情况等内容；企业应做好人员入职、培训等记录；对反映产品卫生质量情况的有关记录，企业应制定并执行质量记录管理程序，对质量记录的标记、收集、编目、归档、存储、保管和处理作出相应规定；所有记录应准确、规范并具有可追溯性，保存期限不得少于肉类保质期满后 6 个月，没有明确保质期的，保存期限不得少于 2 年；企业应建立食品安全控制体系所要求的程序文件。

5. 标准外其他要求

(1) 安全管理要求 企业应当建立并实施以危害分析和预防控制措施为核心的食品安全控制机制，鼓励企业建立并实施危害分析与关键控制点（HACCP）体系。企业最高管理者应明确企业的卫生质量方针和目标，配备相应的组织机构，提供足够的资源，确保食品安全控制体系的有效实施。

(2) 卫生管理要求 企业应制定书面的卫生管理要求，明确执行人的职责，确定执行频率，实施有效的监控和相应的纠正预防措施；车间场所、设备设施条件符合相应卫生规范要求；直接或间接接触肉类（包括原料、半成品、成品）的水和冰应符合卫生要求；接触肉类的器具、手套和内外包装材料等应保持清洁、卫生和安全；人员卫生、员工操作和设施的设计应确保肉类免受交叉污染；供操作人员洗手消毒的设施和卫生间设施应保持清洁并定期维护；应防止化学、物理和生物等污染物对肉类、肉类包装材料和肉类接触面造成污染；应正确标注、存放和使用各类有毒化学物质；应防止因员工健康状况不佳而对肉类、肉类包装材料和肉类接触面造成污染；应预防和消除鼠害、虫害和鸟类危害。

（3）人员操作安全要求 为保证操作人员自身的安全，除穿着符合要求的工作服外，对于电致昏操作人员，应穿戴合格的绝缘靴、绝缘手套（图7-2）。对于剥皮工段，开膛工段，去头、蹄、尾工段，副产品整理工段，分割工段的操作人员，应一手穿戴钢丝手套一手持刀（图7-3）。

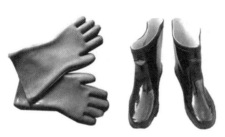 

图7-2　绝缘手套与绝缘靴　　　　图7-3　钢丝手套

第 *8* 章

猪 肉 分 割

一、分割相关基础知识

1. 猪肉分割目的

分割肉是指按照销售规格的要求，将肉体按部位切割成带骨的或剔骨的、带肥膘的或不带肥膘的肉块。分割肉加工是指将屠宰后经过兽医卫生检验合格的胴体按不同部位肉的组织结构，切割成不同大小和不同质量规格要求的肉块，经修整、冷却、包装和冻结等工序加工的过程。

分割工人对热鲜、冷鲜或冻结猪劈半胴体的切割技术直接关系到猪肉产品的外观，影响其产品的销售与经济效益。所以，为提高分割猪肉品质、提高分割效率，分割操作人员必须掌握生猪解剖基本知识，特别是猪的肌肉解剖特征与骨骼解剖特征，充分了解胴体的解剖结构，以便能做到下刀精准。

2. 猪肉部位的划分

在胴体分割中，首先要了解猪的基本解剖特点（详见第 2 章），掌握猪全身骨骼与肌肉（骨骼肌）的特点、分布、肌肉走向等。

从猪的外形上，一般可分为如图 8 - 1 所示的头肉、颈肉、颈背肉、背腰肉、五花肉、奶脯肉、前脚肉、后脚肉、臀腿肉、前肘肉、后肘肉等部分。

3. 主要产品与要求

（1）根据《鲜、冻猪肉及猪副产品　第 1 部分：片猪肉》（GB/T 9959.1）规定，片猪肉的原料、整修、加工、感官等必须符合标准中的相关要求，以保证猪肉质量与后续加工（如分割产品）的质量。

（2）根据《分割鲜、冻猪瘦肉》（GB/T 9959.2）要求，分割鲜、冻猪瘦肉分为颈背肌肉（简称Ⅰ号肉）、前腿肌肉（简称Ⅱ号肉）、大排肌肉

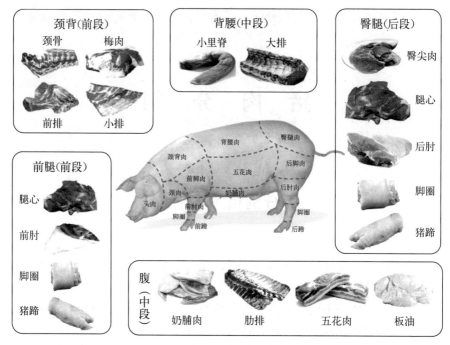

图 8-1　猪分割肉主要部位与产品

（简称Ⅲ号肉）和后腿肌肉（简称Ⅳ号肉）。分割肉加工有冷剔骨和热剔骨两种剔骨工艺。冷剔骨指片猪肉在冷却后进行分割剔骨，热剔骨指片猪肉不经冷却过程而直接进行分割。分割时，应严格卫生条件，从生猪放血到加工成分割成品进入冷却时间不应超过 90 min，分割间环境温度应低于15 ℃。分割的产品应符合标准所规定的安全指标要求。

　　（3）根据《鲜、冻猪肉及猪副产品　第 3 部分：分部位分割猪肉》（GB/T 9959.3），分部位分割肉除包括 GB/T 9959.2 规定的颈背肌肉、前腿肌肉、大排肌肉、后腿肌肉外，还包括猪筋腱肉、猪腱子肉、猪小里脊肉、猪横膈肌等猪瘦肉类去骨分割肉，也包括猪去骨方肉、五花肉、猪腹肋肉、猪腮肉、猪去骨前腿肉、猪去骨后腿肉、猪碎肉、猪脊膘等非瘦肉类去骨分割肉，以及猪带骨方肉、猪前腿、猪后腿、猪肘、猪大排、猪肋排、猪前排、猪无颈前排、猪小排、猪通排、猪脊骨、猪颈骨、猪前腿骨、猪后腿骨、猪扇子骨、猪三叉骨、猪尾骨、猪寸骨等带骨分割肉。并规定用于分割的猪胴体应符合 GB/T 9959.1 的要求，不得使用种公猪、种母猪及晚阉猪肉作为分割肉原料。

　　4. 产品的分级

　　猪肉品质受猪品种、年龄、肥度、不同部位等因素的影响，质量差异很大，而不同品质的猪肉其加工、食用和商品价值也不同。因此，需要对猪肉进行分级，并根据分级要求对猪胴体进行合适的分割。根据《猪肉等级规格》（NY/T 1759—2009），目前我国对猪分割肉分级制定了相关要求。

（1）按分割部位分级　一般肉品分成三级。

① 一级原料肉：包括前腿肉、后腿肉和大排肉 3 个部分。前腿肉又称夹心肉，其特点是瘦肉比例高，肌肉间夹脂肪，含结缔组织较多，适合制作西式灌肠、西式圆腿和中式香肠等制品的原料。后腿肉又称臀部肉，其特点是瘦肉多，脂肪和结缔组织少，是加工肉制品用途最广的原料，可作为加工西式灌肠、中式香肠、肉脯、中式火腿、西式火腿和盐水火腿等制品的原料。大排肉，前至夹心肉切割线，后至后腿肉切割线，位于腰椎骨下侧，呈狭长形的瘦肉称为腰小肌（里脊肉）；附在脊椎骨上面呈圆柱形的肉为背最长肌（大排），畜牧上称为眼肌。大排肉肉质细嫩，脂肪和结缔组织很少，是质量最好的一级猪肉，可作为各类肉制品加工的原料。

② 二级原料肉：主要包括方肉和蹄髈。方肉又称肋条肉、腹部肉、五花肉，其特点是瘦肉与脂肪互相间层，交错排列，含结缔组织较少，是加工酱卤制品、腊肉和培根（西式腊肉）等肉制品的主要原料。蹄髈又称肘子、腱子，特点是瘦肉多、皮厚、筋多，富含胶质，可作为加工火腿和灌肠等的原料。

③ 三级原料肉：包括颈肉、肥膘和奶脯肉等。颈肉为夹心肉前端，从枕骨与第一颈椎交接处直线切下的部分。其特点是肥瘦难分，夹杂大量的结缔组织、血管和淋巴结，肉质差，可作为低档灌肠的原料。肥膘为从大排和前、后腿部位分割下来的皮下脂肪，在肉品加工上，用来切成肥膘丁，与瘦肉等成分一同构成西式灌肠和中式香肠等肉制品的肉馅。奶脯肉又称肚腩肉，肉质差，几乎无瘦肉，多为泡状疏松结缔组织，食用价值极低，可用于提取油脂。

（2）按产品脂肪与重量分级　主要部位的猪肉根据皮下脂肪的最大厚度与分割肉重量，将猪肉分成 A、B、C 3 个等级，其分级要求见表 8-1。

表 8-1　主要部位猪分割肉等级

皮下脂肪最大厚度，mm	去骨前脚肉重，kg			皮下脂肪最大厚度，mm	去骨后脚肉重，kg		
	>8.5	7~8.5	<7		>10.4	8.6~10.4	<8.6
<40	A 级	B 级	B 级	<25	A 级	B 级	B 级
40~50	B 级	B 级	C 级	25~35	B 级	B 级	C 级
>50	B 级	C 级	C 级	>35	B 级	C 级	C 级

（续）

皮下脂肪最大厚度，mm	大排重，kg			皮下脂肪最大厚度，mm	带骨方肉重，kg		
	＞5.3	5.3～4.4	＜4.4		＞6.0	5.0～6.0	＜5.0
＜30	A级	B级	B级	＜20	A级	B级	B级
30～40	B级	B级	C级	20～26	B级	B级	C级
＞40	B级	C级	C级	＞26	B级	C级	C级

二、猪肉分割

1. 分割工艺与要求

不同品种和不同质量规格的分割肉其加工的具体要求不同，总体工艺过程为：白条肉预冷（或不经预冷直接进行分割）→三段锯分→小块分割与修整→快速冷却→包装→冻结。

从国内外看，加工分割肉的方式方法比较多。一种方法是将宰后38℃左右的热鲜肉立即进行分割加工，称为热剔骨。其优点在于容易进行肥膘的剥离、剔骨和修整，肌膜较完整。但是由于肉温较高，微生物生长繁殖，常常导致肉卫生质量降低，表面发黏；大量热鲜肉进入分割车间，使分割车间负荷增大，温度不易控制。这种分割肉在冻结时易产生血冰。因此，有条件的加工厂一般不采用这种方法。另一种方法是将热鲜肉冷却到0℃～7℃再进行分割加工，称为冷剔骨。其优点是微生物的繁殖受到抑制，减少污染，肉的卫生质量较好，分割车间负荷减小。不足之处是肥膘的剥离、剔骨和修整等操作不易进行，易伤肌膜，出肉率较低。第三种方法是将宰后的热鲜肉送至0℃的预冷间，在3h内将肉的中心温度降至20℃左右，肉平均温度10℃左右，再进行分割加工。这种方法有诸多优点：抑制了微生物的生长繁殖，能保证产品的卫生质量；肌肉酶的活性受到抑制，肉的成熟及其他生化反应过程减慢，肉的保水性稳定，冻结时不易产生血冰，肌红蛋白的氧化受到抑制，保证了肉色泽艳丽；肉温在10℃左右，并在20℃以下的分割间加工，可保证操作方便，易于剔骨、去肥膘和修整，劳动效率高。此种方式也属于冷剔骨。

2. 分割工具

由于我国不同省份的消费习惯不同，分割方法也各有千秋，对猪胴体的分割部位不尽相同。但无论何种分割方式，也无论是机械分割还是手工分割，一般首先将猪胴体切割成3段。操作者在分割前，需要准备挫杆、剔骨刀、斩刀和钢丝手套（图8-2），以保证操作者的安全。同时在操作时，分割人员需要按照相关卫生控制要求进行操作，以保证分割肉的安全。

图8-2 操作人员分割工具（示例）

3. 片猪肉感官检查

在使用猪胴体进行分割前，首先应根据 GB/T 9959.1 中感官指标的要求，感官检验猪胴体的质量。在满足感官质量要求的前提下，才能进行分割操作生产分割产品；否则应及时上报，根据相关要求进行处置。

表8-2 鲜、冻片猪肉感官指标

项目	鲜片猪肉	冻片猪肉
色泽	肌肉色泽鲜红或深红，有光泽；脂肪呈乳白色或粉白色	肌肉有光泽，色鲜红；脂肪呈乳白色，无霉点
弹性	指压后的凹陷立即恢复	肉质紧密，有坚实感
黏度	外表微干或微湿润，不粘手	外表及切面湿润，不粘手
气味	具有鲜猪肉正常气味，煮沸后肉汤透明澄清，脂肪团聚于液面，具有香味	具有冻猪肉正常气味，煮沸后肉汤透明澄清，脂肪团聚于液面，无异味

4. 三段锯分

（1）取里脊肉 在片猪肉进行分段切割时，使片猪肉腹侧朝上，操作者用剔骨刀在最后肋骨处沿猪胴体脊柱内侧自前向后至尾荐部小心剔出小里脊肉（腰小肌）（图8-3）。要求割取完整，表面无明显刀痕。也有的是在分段后割取。

（2）后段分割 机械锯分时，由操作人员调整操作台上的片猪肉，使片猪肉胴体第六腰椎与荐椎连接处与电锯面基准线对齐，然后由电锯锯下后段（图8-4）；或由人工使用斩刀对准腰椎与荐椎连接处下刀（图8-5），斩下后段部位（图8-6）。要求下刀准确，刀口齐平，防止斩斜斩偏，影响后段分割与分割肉品质。

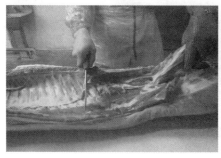

图8-3　割取小里脊肉

图8-4　后段机械分割

图8-5　后段手工分割

图8-6　片猪肉分段（后段）

（3）前段分割　根据猪解剖特点，为保证肩部肌肉产品的完整性，特别是肩胛部位与肩胛骨的完整性，一般将胴体（片猪肉）腹腔面朝上。在使用机械电锯时，由人工调整，使片猪肉电锯点位置（一般为第五、第六肋骨间，也可延后几根肋骨）位于操作台电锯面基准线上，以使电锯能准确进行分段（图8-7）。在应用人工斩分时，对准斩分点开始斩下（图8-8），要求下刀准确，刀口齐平，防止斩斜斩偏，影响后段分割与分割肉品质。锯下（斩下）部分为前段部位（图8-9）。

（4）中段部位　斩下前段与后段后，剩下片猪肉为中段部位（图8-10）。

5. 前段分割

主要为颈肉、颈背肉和前腿肌肉等。腿前部与猪头相连处为颈肉，前段胴体颈椎周边为颈背肉（梅肉）；肩胛骨至臂骨外侧部位为前脚肉（前

图 8 - 7　前段机械分割

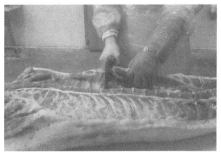

图 8 - 8　前段手工分割

图 8 - 9　片猪肉分段（前段）

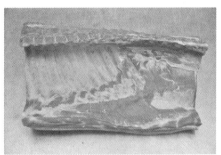

图 8 - 10　片猪肉分段（中段）

腿心肉），内侧部位包括胸肋（前排、小排）；肘关节周边为前肘肉（前蹄），肘关节下分别为前脚圈与前蹄髈。

（1）**割下前蹄**　将前段部位外侧朝上，在肘关节处下刀（图 8 - 11），斩断肘关节；然后，在下端 2 cm～3 cm 处（腕关节上方）斩下前脚圈（图 8 - 12），剩余部分为带骨前肘（蹄髈）。如果在前段部位全部剔骨后割下，则产品为去骨前肘（蹄髈）。

图 8 - 11　斩下前腿

图 8 - 12　斩下前脚圈

123

（2）剔除血脖、淤血、淋巴 将斩下前腿的前段部位内侧朝上，由操作者仔细剔除胸腔内侧的淤血、淋巴等组织，并割下颈部血脖肉（图8-13）。

（3）分离小排 操作者一手抓住猪颈部端胸骨向上提，另一手持刀于下方下刀进行分割，由颈部胸骨端向胸部端边割边外翻掀开小排（包括颈部脊椎），边割边绕过脊柱然后由上向下分割，直至完全使小排分离（图8-14）。最后修整小排，剥离小排筋膜组织（图8-15），斩下并分离颈排与肉小排（图8-16）。

图8-13 去颈部淤血、淋巴

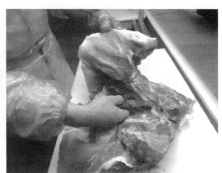

图8-14 分离小排

图8-15 剥离小排筋膜

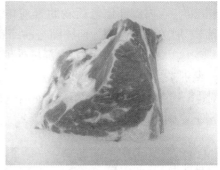

图8-16 肉小排

（4）颈部梅肉分割 梅肉是指猪颈部上肩肉，肌间脂肪极其丰富。操作者在前段部位分离小排后，沿颈椎脊柱部位纵向割下前段上部即为梅肉（图8-17）。将分割出的梅肉进行整修，剥离外皮与皮下脂肪、割除筋膜等组织，根据需要可对梅肉进行切片分割（图8-18）。

（5）剥离肩胛骨与腿骨 操作者在前蹄斩下位置，用剔骨刀沿臂骨向肩关节方向划开肌肉（图8-19），分离骨骼与肌肉。在剥至肩关节部位时，用刀断开肩关节，使臂骨与肩胛骨完全分离。用刀划开肌肉露出肩胛

图 8-17　分离颈背梅肉

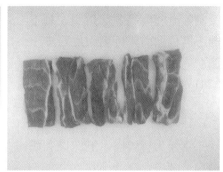

图 8-18　梅肉切片分割产品

骨，并沿肩胛骨面下刀割开肌肉。待露出肩胛骨后，用刀剥离肩胛骨头部（肩胛骨肩关节端）周围肌肉组织，一手按住操作台上肌肉，另一手握住肩胛骨头，用力外翻拉出，用刀割离出肩胛骨（图 8-20）。同时，在肩胛骨尾部部位用剔骨刀剥离肩胛骨软骨（月亮骨）。然后，抓住臂骨分离相连肌肉，边拉边分离，最后取出完整臂骨（图 8-21）。

图 8-19　沿臂骨划开肌肉

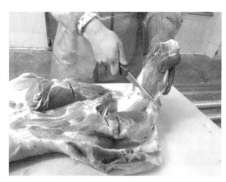

图 8-20　分离肩胛骨

图 8-21　分离臂骨

（6）腿心肉修整 操作者继续割除血脖肉等颈部组织，剩下腿心肉根据需要可剥除皮与皮下脂肪，去除外围脂肪、筋膜等，最后为纯腿心肉（图8-22）。

图8-22 腿心肉

6.中段分割

主要为背腰肉、五花肉和奶脯肉。其中，在脊椎骨下4 cm～6 cm处平行于脊椎斩下，上部脊背部位的肉为背最长肌（大排），腹内侧部分为猪板油，割去下部奶脯肉，剩余部位剥去肋骨（肋排）为去骨方肉（五花肉）。

（1）板油与腰小肌分离 有些在片猪肉分段操作前，已经将板油和腰小肌（里脊肉）剥离。如没剥离，则在腹腔内侧下缘软肋处，撕去板油，并在腹腔内最后肋骨脊椎下面剥离并撕下腰小肌（图8-23、图8-24）。

图8-23 剥离腰小肌

图8-24 腰小肌产品

（2）大排分离 使中段内侧面朝上，在脊椎下约2指宽处下刀，斩下脊柱（图8-25）。剥离皮与皮下脂肪组织，再用刀贴着脊骨面割下腰大肌（外脊肉、大排肉，图8-26），分割出脊骨和腰大肌（图8-27）。

（3）割奶脯肉 操作者在中段最下缘（外侧为奶头位置），割下奶脯肉（图8-28），割下的奶脯肉要求不带或少带红肉。剩下部分一般称为带皮方肉。

（4）割下混合肉 在带皮方肉最后肋骨处下刀，割下完整混合肉（图8-29）。剩下部分一般称为带骨五花肉。

图 8-25　斩下大排

图 8-26　剥离腰大肌

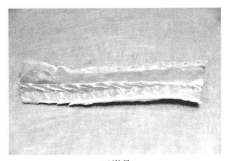

(a)脊骨

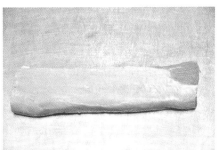

(b)腰大肌

图 8-27　脊骨和腰大肌

图 8-28　割奶脯肉

图 8-29　割混合肉

（5）分离精肋排和五花肉　将带骨五花肉沿肋骨腹侧末端分割肋骨和五花肉，并边割边用手外翻，逐步向肋骨脊椎端剥离，直到完全分割出精肋排（图 8-30），剩下为精五花肉（图 8-31）。剥离肋骨时需要保留肋条肌肉，不能露出肋骨，以保证品质。

图 8 - 30　精肋排

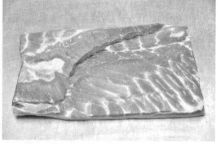

图 8 - 31　精五花肉

7. 后段分割

主要为臀腿肉、后腿肌肉。后腿上部髋骨处为臀腿肉（臀尖肉），中部股骨周边为后脚肉（后腿心肉），下部至膝关节为后肘肉（后蹄），膝关节下为后脚圈和后蹄。

（1）切割腰小肌根部　有些片猪肉人工操作分段时，在分割前从片猪肉脊内侧剥离腰小肌时，不割断而留在后段（有些在分段后剥离）。操作者抓住腰小肌，沿脊柱内侧剥离至根部，并完整剥离出腰小肌。

（2）割下后蹄　操作者用刀对准膝关节处割开皮肤与骨肉，并在膝关节腔处割断关节，完整割下后腿，并根据情况，在下端 2 cm～4 cm 处下刀，斩下后脚圈，剩下部分为带骨后蹄髈。如在后段部分全部剔骨后切下，则产品为去骨后蹄髈。

（3）整修　在后腿继续分割前，操作者先用剔骨刀仔细割除筋膜与淋巴组织（图 8 - 32），以保证后段分割产品品质。

图 8 - 32　后段整修

（4）剔除荐骨、髋骨　操作者用刀在荐骨锯面部位沿荐骨面划开肌肉，并用刀紧贴髋骨，仔细划开与髋骨相连的肌肉组织。在操作时需要根据髋骨解剖结构，使用手腕灵活用刀，根据剔骨刀走向，在操作台上旋转调整后段位置以方便人员操作，逐步向髋关节处分割。最后分离髋关节，边外翻髋骨边用刀剥离肌肉，直至完全剥离荐骨、髋骨（图 8－33，图 8－34）。

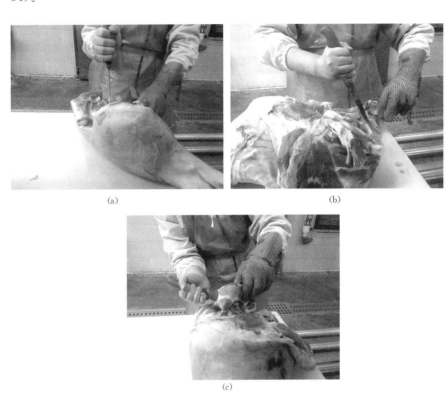

(a)　　　　　　　　　　　　　　(b)

(c)

图 8－33　剔除荐骨、髋骨

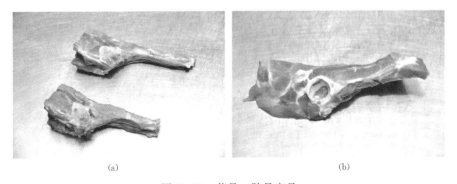

(a)　　　　　　　　　　　　　　(b)

图 8－34　荐骨、髂骨产品

（5）剔股骨 在剔除荐骨、髋骨后，操作者继续用刀从膝关节断面（股骨下端）自下而上沿股骨剥开肌肉组织，并抓住股骨，用力向外拉，边拉边用刀割离，直至完全剔除（图 8 - 35）。如后段在分割前未割除后蹄髈，则操作者在胫骨断面（去后蹄时的断面）由下向上沿胫骨划开肌肉组织至膝关节，割开膝关节，并抓住胫骨，用力向外拉，边拉边用刀割离，直至完全剔除胫骨，然后再剔除股骨。也可胫骨与股骨连在一起一同剔除。分割时，需要在骨骼上带部分肌肉组织。

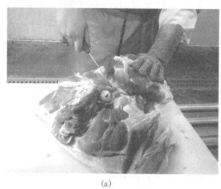
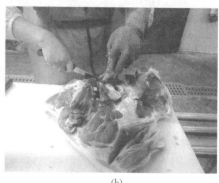

(a)　　　　　　　　　　　　　　(b)

图 8 - 35　剔除股骨

（6）精分 对剔除骨骼的后段部分根据要求再进行精细分割，先割除皮与皮下脂肪，并精修清除相关淋巴、筋膜等，最后分割出腱子肉、后腿肉等产品（图 8 - 36）。

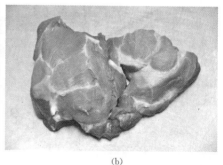

(a)　　　　　　　　　　　　　　(b)

图 8 - 36　后腿主要精肉产品

8. 碎肉加工

在猪肉白条整理与分割过程中会产生一定量的碎肉，也会产生一定量的皮下脂肪组织。这些可食用的组织可根据精肉与肥膘程度不同，利用绞肉机生产成不同的肉糜产品。

　　在肉糜生产过程中，必须采用可食用肌肉与皮下脂肪组织，不得加入修割下的淋巴组织、筋膜组织、病变组织、污染组织等不可食用部分，也不得加入血液、猪皮、骨骼、内脏等成分。

畜禽屠宰操作规程　生猪

1　范围

本标准规定了生猪屠宰的术语和定义、宰前要求、屠宰操作程序及要求、包装、标签、标志和储存以及其他要求。

本标准适用于生猪定点屠宰加工厂（场）的屠宰操作。

2　规范性引用文件

下列文件对于本文件的应用是必不可少的。凡是注日期的引用文件，仅注日期的版本适用于本文件。凡是不注日期的引用文件，其最新版本（包括所有的修改单）适用于本文件。

GB/T 191　包装储运图示标志

GB 12694　食品安全国家标准　畜禽屠宰加工卫生规范

GB/T 17996　生猪屠宰产品品质检验规程

GB/T 19480　肉与肉制品术语

生猪屠宰检疫规程（农医发〔2010〕27 号　附件 1）

病死及病害动物无害化处理技术规范（农医发〔2017〕25 号）

3　术语和定义

GB 12694 和 GB/T 19480 界定的以及下列术语和定义适用于本文件。

3.1

猪屠体　pig body

猪致昏、放血后的躯体。

3.2

同步检验　synchronous inspection

与屠宰操作相对应，将畜禽的头、蹄（爪）、内脏与胴体生产线同步运行，由检验人员对照检验和综合判断的一种检验方法。

3.3

片猪肉　demi‑carcass pork

将猪胴体沿脊椎中线，纵向锯（劈）成两分体的猪肉，包括带皮片猪肉、去皮片猪肉。

4　宰前要求

4.1　待宰生猪应健康良好，并附有产地动物卫生监督机构出具的《动物检疫合格证明》。

4.2　待宰生猪临宰前应停食静养不少于 12 h，宰前 3 h 停止喂水。

4.3　应对猪体表进行喷淋，洗净猪体表面的粪便、污物等。

4.4　屠宰前应向所在地动物卫生监督机构申报检疫，按照《生猪屠宰检疫规程》和 GB/T 17996 等进行检疫和检验，合格后方可屠宰。

4.5　送宰生猪通过屠宰通道时，按顺序赶送，不应野蛮驱赶。

5　屠宰操作程序及要求

5.1　致昏
5.1.1　致昏方式

应采用电致昏或二氧化碳（CO_2）致昏：

　　a)　电致昏：采用人工电麻或自动电麻等致昏方式对生猪进行致昏。

　　b)　二氧化碳（CO_2）致昏：将生猪赶入二氧化碳（CO_2）致昏设备致昏。

5.1.2　致昏要求

猪致昏后应心脏跳动，呈昏迷状态。不应致死或反复致昏。

5.2　刺杀放血
5.2.1　致昏后应立即进行刺杀放血。从致昏至刺杀放血，不应超过 30 s。

5.2.2　将刀尖对准第一肋骨咽喉正中偏右 0.5 cm～1 cm 处向心脏方向刺入，再侧刀下拖切断颈部动脉和静脉，不应刺破心脏或割断食管、气管。刺杀放血刀口长度约 5 cm。沥血时间不少于 5 min。刺杀时不应使猪呛膈、淤血。

5.2.3　猪屠体应用温水喷淋或用清洗设备清洗，洗净血污、粪污及其他污物。可采用剥皮（5.3）或者烫毛、脱毛（5.4）工艺进行后序加工。

5.2.4　从放血到摘取内脏，不应超过 30 min。从放血到预冷前不应超过 45 min。

5.3　剥皮
5.3.1　剥皮方式

可采用人工剥皮或机械剥皮方式。

5.3.2 人工剥皮

将猪屠体放在操作台（线）上，按顺序挑腹皮、预剥前腿皮、预剥后腿皮、预剥臀皮、剥整皮。剥皮时不宜划破皮面，少带肥膘。操作程序如下：

a) 挑腹皮：从颈部起刀刃向上沿腹部正中线挑开皮层至肛门处；

b) 预剥前腿皮：挑开前腿腿裆皮，剥至脖头骨；

c) 预剥后腿皮：挑开后腿腿裆皮，剥至肛门两侧；

d) 预剥臀皮：先从后臀部皮层尖端处割开一小块皮，用手拉紧，顺序下刀，再将两侧臀部皮和尾根皮剥下；

e) 剥整皮：左右两侧分别剥。剥右侧时一手拉紧、拉平后裆肚皮，按顺序剥下后腿皮、腹皮和前腿皮；剥左侧时，一手拉紧脖头皮，按顺序剥下脖头皮、前腿皮、腹皮和后腿皮；用刀将脊背皮和脊膘分离，扯出整皮。

5.3.3 机械剥皮

剥皮操作程序如下：

a) 按剥皮机性质，预剥一面或两面，确定预剥面积；

b) 按5.3.2中a)、b)、c)、d)的要求挑腹皮、预剥前腿皮、预剥后腿皮、预剥臀皮；

c) 预剥腹皮后，将预剥开的大面猪皮拉平、绷紧，放入剥皮设备卡口夹紧，启动剥皮设备；

d) 水冲淋与剥皮同步进行，按皮层厚度掌握进刀深度，不宜划破皮面，少带肥膘。

5.4 烫毛、脱毛

5.4.1 采用蒸汽烫毛隧道或浸烫池方式烫毛。应按猪屠体的大小、品种和季节差异，调整烫毛温度、时间。烫毛操作如下：

a) 蒸汽烫毛隧道：调整隧道内温度至59 ℃～62 ℃，烫毛时间为6 min～8 min；

b) 浸烫池：调整水温至58 ℃～63 ℃，烫毛时间为3 min～6 min，应设有溢水口和补充净水的装置。浸烫池水根据卫生情况每天更换1次～2次。浸烫过程中不应使猪屠体沉底、烫生、烫老。

5.4.2 采用脱毛设备进行脱毛。脱毛后猪屠体宜无浮毛、无机械损伤和无脱皮现象。

5.5 吊挂提升

5.5.1 抬起猪的两后腿，在猪后腿跗关节上方穿孔，不应割断胫、跗关节韧带，刀口长度宜5 cm～6 cm。

5.5.2 挂上后腿，将猪屠体提升输送至胴体加工线轨道。

5.6 预干燥

采用预干燥设备或人工刷掉猪体上残留的猪毛和水分。

5.7 燎毛

采用喷灯或燎毛设备燎毛，去除猪体表面残留猪毛。

5.8 清洗抛光

采用人工或抛光设备去除猪体体表残毛和毛灰并清洗。

5.9 去尾、头、蹄

5.9.1 工序要求

此工序也可以在5.3前或5.11后进行。

5.9.2 去尾

一手抓猪尾，一手持刀，贴尾根部关节割下，使割后猪体没有骨梢突出皮外，没有明显凹坑。

5.9.3 去头

5.9.3.1 断骨

使用剪头设备或刀，从枕骨大孔将头骨与颈骨分开。

5.9.3.2 分离

分离操作如下：

a) 去三角头：从颈部寰骨处下刀，左右各划割至露出关节（颈寰关节）和咬肌，露出左右咬肌3 cm～4 cm，然后将颈肉在离下巴痣6 cm～7 cm处割开，将猪头取下；

b) 去平头：从两耳根后部（距耳根0.5 cm～1 cm）连线处下刀将皮肉割开，然后用手下压，用刀紧贴枕骨将猪头割下。

5.9.4 去蹄

前蹄从腕关节处下刀，后蹄从跗关节处下刀，割断连带组织，猪蹄断面宜整齐。

5.10 雕圈

刀刺入肛门外围，雕成圆圈，掏开大肠头垂直放入骨盆内或用开肛设备对准猪的肛门，随即将探头深入肛门，启动开关，利用环形刀将直肠与猪体分离。肛门周围应少带肉，肠头脱离括约肌，不应割破直肠。

5.11 开膛、净腔

5.11.1 挑胸、剖腹：自放血口沿胸部正中挑开胸骨，沿腹部正中线自上而下，刀把向内，刀尖向外剖腹，将生殖器拉出并割除，不应刺伤内脏。放血口、挑胸、剖腹口宜连成一线。

5.11.2 拉直肠、割膀胱：一手抓住直肠，另一手持刀，将肠系膜及韧带割断，再将膀胱割除，不应刺破直肠。

5.11.3 取肠、胃（肚）：一手抓住肠系膜及胃部大弯头处，另一手持刀在靠近肾脏处将系膜组织和肠、胃共同割离猪体，并割断韧带及食道，不应刺破肠、胃、胆囊。

5.11.4 取心、肝、肺：一手抓住肝，另一手持刀，割开两边隔膜，取横膈膜肌角备检。一手顺势将肝下揪，另一只手持刀将连接胸腔和颈部的韧带割断，取出食管、气管、心、肝、肺，不应使其破损。摘除甲状腺。

5.11.5 冲洗胸、腹腔：取出内脏后，应及时冲洗胸腔和腹腔，洗净腔内淤血、浮毛和污物等。

5.12 检验检疫

同步检验按 GB/T 17996 的规定执行，同步检疫按照《生猪屠宰检疫规程》的规定执行。

5.13 劈半（锯半）

劈半时应沿着脊柱正中线将胴体劈成两半，劈半后的片猪肉宜去板油、去肾脏，冲洗血污、浮毛等。

5.14 整修

按顺序整修腹部、放血刀口、下颌肉、暗伤、脓包、伤斑和可视病变淋巴结，摘除肾上腺和残留甲状腺，洗净体腔内的淤血、浮毛、锯末和污物等。

5.15 计量与质量分级

用称量器具称量胴体的重量。根据需要，依据胴体重量、背膘厚度和瘦肉率等指标对猪胴体进行分级。

5.16 副产品整理

5.16.1 整理要求

副产品整理过程中，不应落地加工。

5.16.2 分离心、肝、肺

切除肝膈韧带和肺门结缔组织。摘除胆囊时，不应使其损伤、残留；猪心宜修净护心油和横膈膜；猪肺上宜保留 2 cm～3 cm 肺管。

5.16.3 分离脾、胃

将胃底端脂肪割除，切断与十二指肠连接处和肝、胃韧带。剥开网油，从网膜上割除脾脏，少带油脂。翻胃清洗时，一手抓住胃尖冲洗胃部污物，用刀在胃大弯处戳开 5 cm～8 cm 小口，再用洗胃设备或长流水将胃翻转冲洗干净。

5.16.4 扯小肠

将小肠从割离胃的断面拉出，一手抓住花油，另一手将小肠末梢挂于操作台边，自上而下排除粪污，操作时不应扯断、扯乱。扯出的小肠应及时清除肠内污物。

5.16.5 扯大肠

摆正大肠，从结肠末端将花油（冠油）撕至离盲肠与小肠连接处 2 cm 左右，割断，打结。不应使盲肠破损、残留油脂过多。翻洗大肠，一手抓住肠的一端，另一手自上而下挤出粪污，并将大肠翻出一小部分，用一手二指撑开肠口，向大肠内灌水，使肠水下坠，自动翻转，可采用专用设备进行翻洗。经清洗、整理的大肠不应带粪污。

5.16.6 摘胰脏

从胰头摘起，用刀将膜与脂肪剥离，再将胰脏摘出，不应用水冲洗胰脏，以免水解。

5.17 预冷

将片猪肉送入冷却间进行预冷。可采用一段式预冷或二段式预冷工艺：

a) 一段式预冷。冷却间相对湿度 75％～95％，温度 0 ℃～4 ℃，片猪肉间隔不低于 3 cm，时间 16 h～24 h，至后腿中心温度冷却至 7 ℃以下。

b) 二段式预冷。快速冷却：将片猪肉送入－15 ℃以下的快速冷却间进行冷却，时间 1.5 h～2 h，然后进入 0 ℃～4 ℃冷却间预冷。预冷：冷却间相对湿度 75％～95％，温度 0 ℃～4 ℃，片猪肉间隔不低于 3 cm，时间 14 h～20 h，至后腿中心温度冷却至 7 ℃以下。

5.18 冻结

冻结间温度为－28 ℃以下，待产品中心温度降至－15 ℃以下转入冷藏库储存。

6 包装、标签、标志和储存

6.1 包装、标签、标志

产品包装、标签、标志应符合 GB/T 191、GB 12694 等相关标准的要求。

6.2 储存

6.2.1 经检验合格的包装产品应立即入成品库储存，应设有温、湿度监测装置和防鼠、防虫等设施，定期检查和记录。

6.2.2 冷却片猪肉应在相对湿度 85％～90％，温度 0 ℃～4 ℃的冷却肉储存库（间）储存，并且片猪肉需吊挂，间隔不低于 3 cm；冷冻片猪肉

应在相对湿度 90%～95%，温度为－18 ℃以下的冷藏库储存，且冷藏库昼夜温度波动不应超过±1 ℃。

7 其他要求

7.1 刺杀放血、去头、雕圈、开膛等工序用刀具使用后应经不低于 82 ℃热水一头一消毒，刀具消毒后轮换使用。

7.2 经检验检疫不合格的肉品及副产品，应按 GB 12694 的要求和《病死及病害动物无害化处理技术规范》的规定处理。

7.3 产品追溯与召回应符合 GB 12694 的要求。

7.4 记录和文件应符合 GB 12694 的要求。

附录2

生猪屠宰工艺流程图

收购检疫	验收入圈	静养待宰	致昏放血	浸毛燎毛	去头尾蹄	开膛净腔	劈半整修	副产品整理	计量分级	冷却	储存
装车运输	查验证货	冲淋清洗	宰前赶送	抛光	去尾	雕圈	二次修正	头蹄尾 肾脏	胴体称重	冷鲜肉	冷藏储存

生猪屠宰工艺流程图

生猪屠宰质量控制关键工艺流程图

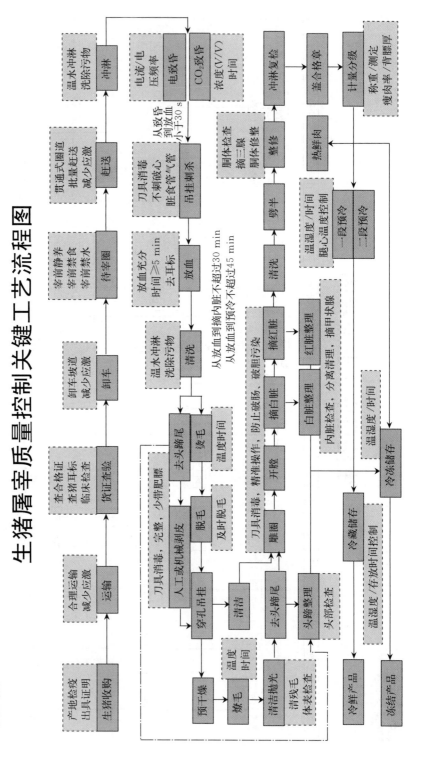

生猪屠宰检验检疫关键点流程图

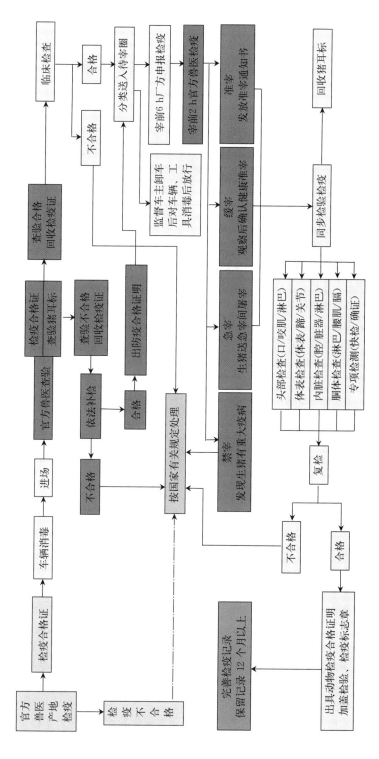

主 要 参 考 文 献

陈代文，张克英，余冰，等，2002. 不同饲养方案对猪生产性能及猪肉品质的影响［J］. 四川农业大学学报，20（1）：1-5.

陈丽云，2013. 不同贮存温度和时间对冷却猪肉品质的影响［D］. 长沙：湖南农业大学.

陈平衡，陈松明，蒋艾青，2010. 生猪屠宰工艺与品质检验技术［M］. 北京：中国农业大学出版社.

陈赞谋，李加琪，张艾君，等，2008. 不同屠宰方式对猪肉品质的影响［J］. 家畜生态学报，29（3）：41-43.

何玲，陈长喜，许晓华，2017. 基于物联网的生猪屠宰监管系统关键技术研究［J］. 江苏农业科学，45（6）：201-204.

黄千福，2013. 关于宰前及屠宰过程中影响猪肉品质的因素分析［J］. 肉类工业（10）：36-38.

李诚，2003. 猪肉的分级分割及分割肉加工［J］. 肉类工业（3）：5-7.

李苗云，周光宏，徐幸莲，等，2006. 不同屠宰工艺（剥皮和烫毛）对猪胴体表面微生物的多样性影响及关键点的控制研究［J］. 食品科学，27（4）：170-173.

李维宙，刘济五，1986. 猪禽解剖［M］. 北京：农业出版社.

林辉，1992. 猪解剖图谱［M］. 北京：农业出版社.

刘贺，2018. 关于生猪屠宰企业分割、包装细菌超标的控制措施［J］. 肉类工业（11）：50-52.

刘寿春，赵春江，杨信廷，等，2013. 基于微生物危害的冷却猪肉加工过程关键控制点分析与控制［J］. 食品科学，34（1）：285-289.

罗鸣，2017. 不同冻结条件对猪肉中心温度的影响［J］. 福建轻纺（11）：7-10.

农业农村部屠宰技术中心，2018. 生猪屠宰检验检疫图解手册［M］. 北京：中国农业出版社.

潘礼斌，李娜，崔亚兵，2013. HACCP体系在生猪屠宰过程中的应用研究［J］. 中国畜牧兽医文摘，29（12）：42-45.

漆可，张静，卢进峰，等，2012. 生猪屠宰过程的危害分析与关键控制点确定［J］. 肉类工业（2）：8-10.

陕西省农林学校，1980. 猪体解剖图谱［M］. 西安：陕西科学技术出版社.

孙龙辉，马陶军，顾菲，等，2017. 浅谈宰前管理对猪肉品质的影响［J］. 中国畜牧兽医文摘，33（9）：28.

吴小伟，张春晖，李侠，等，2004. 击晕方式和在轨时间对生猪应激及肉质的影响［J］. 现代食品科技，30（7）：165-170.

岳伟敏，李红佳，2011. 生猪屠宰加工的操作规程 [J]. 肉品加工 (10)：55-56.

张娜，刘恬，段人杰，等，2011. 烫毛工艺对猪肉安全及其加工品质的影响 [J]. 肉类工业 (1)：4-5.

张伟力，2014. 猪肉切块分割图示 [J]. 养猪 (5)：68-72.

张文红，2006. 电击昏、电刺激和冷却方式对猪肉品质的影响研究 [D]. 南京：南京农业大学.

张颖利，方永卫，霍巍，等，2017. 简述生猪现代化屠宰加工设备及技术 [J]. 肉类工业 (10)：47-49.

甄少波，2013. 待宰对猪应激及冷却肉品质影响机理研究 [D]. 北京：中国农业大学.

周光宏，2009. 肉品加工学 [M]. 北京：中国农业出版社.

周光宏，徐幸莲，1999. 肉品学 [M]. 北京：中国农业出版社.

彩图1　宰前冲淋

彩图2　二氧化碳致昏机

彩图3　吊挂刺杀

彩图4　运河式浸烫

彩图5　脱毛机

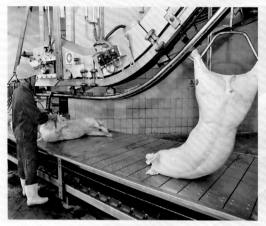
彩图6　吊挂提升

彩图7　预干燥

彩图8　机械燎毛

彩图9　机抛光

彩图10　人工去尾

彩图11　剪头机操作

彩图12　去三角头

彩图13　手工去蹄

彩图14　手动雕圈

彩图15　挑胸

彩图16　人工开膛

彩图17　机械开膛

彩图18　拉直肠（割韧带）

彩图19　割膀胱

彩图20　手工取白脏

彩图21　手工取红脏

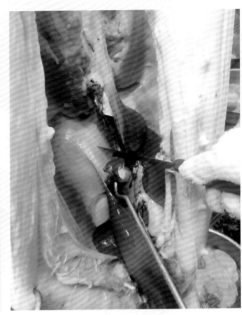
彩图22　割取膈脚

彩图23　摘除甲状腺

彩图24　咬肌检查

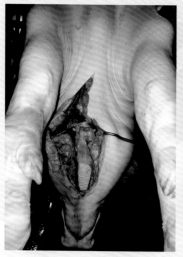

彩图25　颌下淋巴结检查

彩图26　体表检查

彩图27　内脏检查（肠系膜检查）

彩图28　内脏检查（肺检查）

彩图29　内脏检查（肝检查）

彩图30　胴体检查（腹股沟浅淋巴结检查）

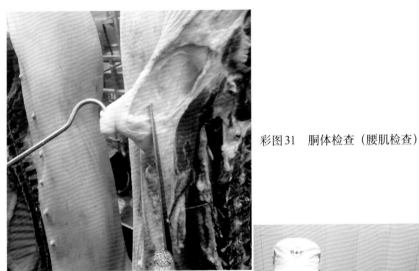

彩图31　胴体检查（腰肌检查）

彩图32　膈脚镜检

彩图33　全自动劈半机

彩图34　胴体整修

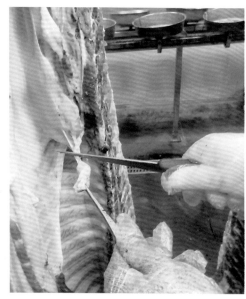

彩图35　摘除肾上腺

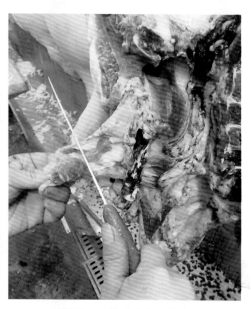

彩图36　摘除残留甲状腺